国家自然科学基金资助

岭南住居的
保障体验与实现

郭昊栩　邓孟仁　著　华南理工大学建筑学院
亚热带建筑科学国家重点实验室
华南理工大学建筑设计研究院有限公司

黑龙江科学技术出版社
HEILONGJIANG SCIENCE AND TECHNOLOGY PRESS

图书在版编目（CIP）数据

岭南住居的保障体验与实现 / 郭昊栩, 邓孟仁著
. -- 哈尔滨 : 黑龙江科学技术出版社 , 2024.6
ISBN 978-7-5719-2399-0

Ⅰ . ①岭… Ⅱ . ①郭… ②邓… Ⅲ . ①保障性住房 –
建筑设计 – 研究 – 广东②保障性住房 – 住房制度 – 研究 –
广东 Ⅳ . ① TU241 ② F299.233.1

中国国家版本馆 CIP 数据核字 (2024) 第 094163 号

岭南住居的保障体验与实现
LINGNAN ZHUJU DE BAOZHANG TIYAN YU SHIXIAN
郭昊栩　邓孟仁　著

策划编辑	王　姝	
责任编辑	陈元长	
封面设计	郭昊栩	
出　　版	黑龙江科学技术出版社	
	地址：哈尔滨市南岗区公安街 70-2 号　邮编：150007	
	电话：（0451）53642106　传真：（0451）53642143	
	网址：www.lkcbs.cn	
发　　行	全国新华书店	
印　　刷	哈尔滨午阳印刷有限公司	
开　　本	710mm×1000mm　1/16	
印　　张	18	
字　　数	266 千字	
版　　次	2024 年 6 月第 1 版	
印　　次	2024 年 6 月第 1 次印刷	
书　　号	ISBN 978-7-5719-2399-0	
定　　价	98.00 元	

作者简介

郭昊栩

郭昊栩，1972年9月生，广东南海人，教授，博士后，博士生导师。现就职于华南理工大学建筑学院、华南理工大学建筑设计研究院有限公司、亚热带建筑科学国家重点实验室。广东省首届杰出工程勘察设计师，广州市首届工程勘察设计大师。现为中国建筑学会资深会员，中国建筑学会环境行为心理学术委员会委员，广东省土木建筑学会环境艺术委员会委员，广州市建设科学技术委员会委员。

邓孟仁

邓孟仁，1971年9月生，广东新会人，教授，工学博士，博士生导师。现就职于华南理工大学建筑学院、华南理工大学建筑设计研究院有限公司、亚热带建筑科学国家重点实验室。现任华南理工大学建筑设计研究院有限公司副院长、执行总建筑师，教授级高级工程师，国家一级注册建筑师、国家注册城市规划师，广州市首届工程勘察设计大师，兼职为中国建筑学会资深会员、中国建筑学会岭南建筑学术委员会委员，广州市规划委员会委员，广东省注册建筑师协会理事。

本专著受以下课题资金支持：

1. 国家自然科学基金面上项目"基于岭南传统居住方式的保障性住房适应性设计模式研究"（项目编号：51278193）

2. 广州市哲学社会科学发展"十四五"规划 2022 年度一般课题"广州推动共建大湾区国际科技创新中心研究：成长效能及设计模式研究"（项目编号：2022GZYB54）

3. 华南理工大学建筑设计研究院有限公司委托研究项目"基于使用后评价的产业园区建筑适应性设计策略研究"（项目编号：x2jzD8197190）

4. 亚热带建筑科学国家重点实验室自主研究课题"夏热冬暖地区建筑与城市绿色低碳营建技术综合示范"（项目编号：C7220420）

5. 华南理工大学建筑设计研究院有限公司委托研究项目"基于功能与环境线索的大型综合医院总体布局的适应性设计研究"（项目编号：x2jzD8205870）

6. 华南理工大学建筑设计研究院有限公司委托研究项目"中心城市既有三甲医院改扩建设计与评价研究"（项目编号：x2jzD9230380）

7. 广东省住房和城乡建设厅科技创新计划项目"基于热舒适提升的湿热地区高密度中学过渡空间设计研究"（项目编号：2022-K2-280927）

8. 亚热带建筑科学国家重点实验室 2020 年度开放课题项目"符合健康要求的中学教学建筑设计策略研究"（项目编号：2020ZB07）

9. 华南理工大学建筑设计研究院有限公司 2020 年研究课题"符合青少年健康要求的完全中学设计策略研究"（项目编号：x2jzD8210060）

前　言

　　随着我国经济社会的快速发展和城市化进程的加快，住房问题已经成为人们普遍关注的焦点。为了解决这一严峻的问题，各地政府纷纷加快推进保障性住房的建设及供应，让越来越多的市民实现"住有所居"。进入"十四五"时期，我国以发展保障性租赁住房为重点，进一步完善住房保障体系，增加保障性住房供给，努力实现全体人民"住有所居"。2023年，国务院发布了《关于规划建设保障性住房的指导意见》（国发〔2023〕14号），揭开了第三轮房地产改革的序幕。此文件明确了保障性住房建设应与推动房地产业转型并行，预示着商品房和保障性住房共存的新时代即将到来。目前，各地正积极筹建各类保障性住房，并对其加强规划、运营、管理，确保工程质量，促进住房保障工作高质量发展。在此期间，全国初步计划建设筹集保障性租赁住房近900万套（间）。因此，深入了解使用者的共性需求，探索保障性住房的设计原则与设计策略意义重大。

　　基于此，本书对岭南保障性住房的设计与实践进行探讨。全书基于"现状梳理—评价分析—规划设计策略—设计实践"的逻辑展开：首先，简要概述研究的理论背景、社会背景，对岭南保障性住房及相关概念进行界定，论述研究目标及意义、研究方法及框架，并且从岭南传统居住方式及保障性住房发展概况两个方面，对岭南保障性住房发展现状进行梳理；其次，基于笔者的实地调查研究，从岭南保障性住房建成项目、使用人群、住房户型设计等几个方面进行岭南保障性住房设计使用调查研究，从住区可意象性评价、住房相对舒适性评价、住房户型空间使用评价的角度分析符合使用者主观倾向的岭南保障性住房需求的共性信息；最后，从岭南保障性住房规划户型设计及模式语言等方面展示设计成果。

特别感谢李茂与林星对本书的研究与写作参与，感谢周伟强、何锋、赵成臣、李德艳、周俊在本书撰写及出版过程中所做的资料收集、案例解读与数据分析等大量工作，他们的辛勤付出渗透在本书的字里行间。本书的出版得到了国家自然科学基金的项目资助，衷心感谢为这一项目默默提供帮助的科技工作同志们。

目 录

1 绪论 001

  1.1 研究背景 001

  1.2 相关概念界定 013

  1.3 研究目标及意义 030

  1.4 研究方法及框架 033

2 岭南保障性住房发展研究 037

  2.1 岭南传统居住方式研究 037

  2.2 岭南保障性住房发展概况 043

3 岭南保障性住房设计使用调查研究 067

  3.1 岭南保障性住房建成项目 067

  3.2 使用人群研究 076

  3.3 住房户型设计研究 082

4 岭南保障性住房使用评价 087

  4.1 住区可意象性评价 087

  4.2 住房相对舒适性评价 152

  4.3 住房户型空间使用评价 187

5 岭南保障性住房规划户型设计及模式语言 235

  5.1 岭南保障性住房规划户型设计导则 235

  5.2 岭南保障性住房规划户型设计 241

  5.3 岭南保障性住房概念性户型设计模式语言 265

结语 271

参考文献 273

1 绪论

1.1 研究背景

1.1.1 研究缘起

本书是基于国家自然科学基金项目"基于岭南传统居住方式的保障性住房适应性设计模式研究"的子课题。其中：岭南保障性住房中政府政策及社会职能与住户心理感受及倾向结合的评价研究，属于综合性研究的范畴，在基金结构中处于总括部分；岭南保障性住房的中观环境与使用者行为相结合的部分，属于焦点性研究的范畴（图 1-1）。

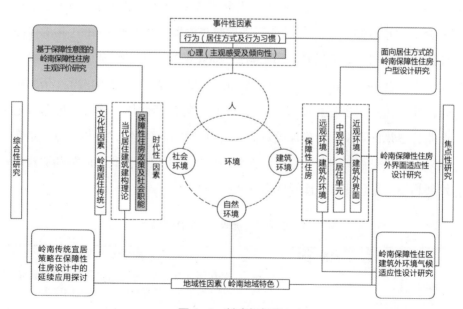

图 1-1 基金框架图

1.1.2 研究的社会背景

1.1.2.1 政策背景

1998 年 7 月 3 日，《国务院关于进一步深化城镇住房制度改革加快住房建设的通知》（国发〔1998〕23 号，以下简称"23 号文"）提出了"停止住房实物分配，逐步实行住房分配货币化；建立和完善以经济适用住房为主的多层次城镇住房供应体系"。2007 年 8 月 7 日，国务院颁布了《国务院关于解决城市低收入家庭住房困难的若干意见》（国发〔2007〕24 号，以下简称"24 号文"）[1]，其核心思想是"加快建立健全以廉租住房制度为重点、多渠道解决城市低收入家庭住房困难的政策体系"，要求"进一步建立健全城市廉租住房制度，改进和规范经济适用住房制度，加大棚户区、旧住宅区改造力度"。至此，以 24 号文的颁布为节点，中央政府开始将住房工作的重心转移到住房保障上。

如表 1-1 所示，从政策制度的发展历程来看，我国大体经历了如下六个阶段：① 1995—1997 年的安居工程起步阶段；② 1998—2001 年的保障性住房体系初步确立阶段；③ 2002—2006 年的安居工作全面萎缩阶段；④ 2007—2009 年的保障性住房体系重新确立阶段；⑤ 2010—2023 年的保障性住房体系逐步完善阶段；⑥ 2023 至今的保障性住房建设与推动房地产业转型并行阶段。为确保政策体系的科学性和有效性，必须经过大量实践来确立和完善。因此，对保障性住房的研究不仅符合我国政策和法规的发展趋势，而且具有深远的现实意义。

表 1-1　保障性住房政策发展历程统计表

时间/年	颁布政策	政策重要内容及意义
1992	—	住房问题引发政府进行社会保障制度的研究，同时开启了对保障性住房政策研究的序幕
1993	《城市居住区规划设计规范》（GB 50180—93）颁布实施	对居住建筑有了规范类设计指引

时间/年	颁布政策	政策重要内容及意义
1994	《国务院关于深化城镇住房制度改革的决定》（国发〔1994〕43号）	要求"各地人民政府要十分重视经济适用住房的开发建设，加快解决中低收入家庭的住房问题"，"房地产开发公司每年的建房总量中，经济适用住房要占20%以上"
1995	《国家安居工程实施方案》（国办发〔1995〕6号）	提出加快解决中低收入家庭住房困难户的居住问题，建立具有社会保障性质的住房供应体制，这是政府首次明确提出保障性住房政策方面的问题
1998	《国务院关于进一步深化城镇住房制度改革加快住房建设的通知》（国发〔1998〕23号）	"停止住房实物分配，逐步实行住房分配货币化；建立和完善以经济适用住房为主的多层次城镇住房供应体系"
	《关于支持科研院所、大专院校、文化团体和卫生机构利用单位自用土地建设经济适用住房的若干意见》	改善职工的居住条件
	—	我国开始启动廉租房试点
2002	《城市居住区规划设计规范》（GB 50180—93）进行了局部修订	适应新时期住宅小区的规划发展的要求
2003	《国务院关于促进房地产市场持续健康发展的通知》（国发〔2003〕18号）	将"经济适用住房"定义为"具有保障性质的政策性商品住房"，并且将房地产行业作为经济发展的重要支柱产业，偏离了住房保障的政策重心
	制定了《城镇最低收入家庭廉租住房管理办法》等	明确了城镇廉租住房制度建设的相关问题，规定了人均廉租住房面积指标不应超过当地人均住房面积的60%
2005	颁布了"前国八条""后国八条""国六条"等重要文件	明确提出"房地产是国民经济支柱产业"，并高度重视稳定房价的工作
2006	《关于调整住房供应结构稳定住房价格的意见》	"凡新审批、新开工的商品住房建设，套型建筑面积90平方米以下住房（含经济适用住房）面积所占比重，必须达到开发建设总面积的70%以上"，即常说的"90/70政策"
2007	《国务院关于解决城市低收入家庭住房困难的若干意见》（国发〔2007〕24号）	"加快建立健全以廉租住房制度为重点、多渠道解决城市低收入家庭住房困难的政策体系"，标志着中央政府将住房政策重心转移到了住房保障上来，同时也明确规定了各类型保障性住房的户型和面积
	建设部等七部门颁布《经济适用住房管理办法》	经济适用房单套建筑面积控制在60 m² 左右
	完成了《多层次住房保障体系研究》	为有关住房保障政策的出台奠定了坚实的基础
2008	将保障性住房列入拉动内需十项措施中的"四万亿投资计划"	希望通过投资建设行业来增加保障性住房的数量，进而积极影响市场，给房地产业降温，使住宅回归其"公共性"，保障性住房及其相关内容逐渐成为国内学术界关注的焦点之一

续表

时间/年	颁布政策	政策重要内容及意义
2009	《2009—2011年廉租住房保障规划》	廉租住房控制在人均住房面积13 m² 左右，套型建筑面积50 m² 以内，以保证住户基本的居住功能
2010	国务院颁布了《关于加快发展公共租赁住房的指导意见》（建保〔2010〕87号）	目标是中低收入居民、新就业人员、外来务工人员等"夹心层"群体，填补了住房保障体系的空白，标志着我国住房保障制度建设进入了全新的阶段，提出"单套建筑面积要严格控制在60平方米以下"的要求
2011	国务院常务会议再度推出八条房地产市场调控措施（"新国八条"）	要求差别化住房信贷政策，限制家庭购买第二套房
	《国土资源部关于加强保障性安居工程用地管理有关问题的通知》（国土资电发〔2011〕53号）	公租房套型建筑面积应控制在60 m² 以内，以40 m² 为主
	9月20日国务院常务会议	要求公租房建筑面积以40 m² 左右的小户型为主
	3月颁布的"十二五"规划	城镇保障性安居工程建设3 600万套
2013	12月6日公布《关于公共租赁住房和廉租住房并轨运行的通知》（建保〔2013〕178号）	从2014年起，各地公共租赁住房和廉租住房开始实行并轨运行，并轨后统称为"公共租赁住房"。完善公租房租金定价机制，各地可通过减免租金或货币补贴的形式进行动态调整
2015	1月，住房和城乡建设部颁发《住房城乡建设部关于加快培育和发展住房租赁市场的指导意见》（建房〔2015〕4号）	"培育和发展住房租赁市场，有利于完善住房供应体系"；"可充分利用社会资金，进入租赁市场，多渠道增加住房租赁房源供应"
2017	10月，党的十九大报告	坚持"房子是用来住的、不是用来炒的"定位，加快建立多主体供给、多渠道保障、租购并举的住房制度，让全体人民住有所居
2020	"十四五"规划	新增保障性租赁住房占新增住房供应总量的比例应力争达到30%以上，40个重点城市计划新增保障性租赁住房650万套（间），预计解决1 300万人的住房困难
2021	7月，国务院办公厅颁发《国务院办公厅关于加快发展保障性租赁住房的意见》（国办发〔2021〕22号）	"保障性租赁住房由政府给予土地、财税、金融等政策支持"；"以建筑面积不超过70 m² 的小户型为主，租金低于同地段同品质市场租赁住房租金"；"主要解决符合条件的新市民、青年人等群体的住房困难问题"
2022	8月，住房和城乡建设部的新闻发布会	加快发展保障性租赁住房，在整个"十四五"期间，全国计划筹集建设保障性租赁住房870万套（间），预计可以帮助2600多万新市民、青年人改善居住条件
2023	1月，国务院发布了《关于规划建设保障性住房的指导意见》（国发〔2023〕14号）	中央经济工作会议强调要加快推进保障性住房建设、"平急两用"公共基础设施建设、城中村改造等"三大工程"

1.1.2.2 建设背景

（一）总体背景

在实际建设方面，从 2011 年起，计划在之后的五年内，我国将建设 3 600 万套保障性住房。其中，2011 年计划完成 1 000 万套，2012 年计划完成 1 000 万套，2013—2015 年计划完成 1 600 万套，使保障性住房的覆盖率达到 20%[①]。同时，"十二五"规划纲要也明确提出了面向城镇低收入住房困难家庭提供相应的廉租房，实行廉租房制度。2014 年，时任国务院总理温家宝在常务会议上研究部署继续做好房地产市场的调控工作。会议提出了"2014 年将新开工 630 万套及建成 470 万套保障性住房"的指标。

相比其他发达国家和地区，我国保障性住房设计存在着"起步晚、研究不充分"等现实问题。各地保障性住房建设具有一定的盲目性，存在着户型设计经验不足、建设标准不清晰和空间适应性不足等问题。一方面，保障性住房在规划设计阶段未充分考虑其地域适用性，目前大量已建成的保障性住房存在着或多或少的户型空间不合理、居住舒适度较差、不利于邻里交往、相互干扰严重、储物空间匮乏等实际使用问题；另一方面，由于当前我国未出台保障性住房设计的规范，地方性保障性住房建设标准研究不够充分。保障性住房的设计存在着许多理解误区，难以全面兼顾实用性、经济性与舒适性，这也与当前针对保障性住房的理论研究不充分有一定的关系。

（二）项目背景

落实到岭南地区，广州市于 2007 年 12 月至 2008 年 2 月在全市范围内对城市低收入住房困难家庭的居住状况进行了全面的调查。调查结果显示：符合条件的低收入住房困难家庭有 77 177 户，以住房保障制度统计，符合广州市廉租住房保障条件的家庭共有 44 516 户，占低收入住房困难家庭总数的 58%；符合广州市经济适用住房保障条件的家庭共有 32 661 户，占低收入住房困难家庭总数的 42%[②]。

① 数据来自中国房地产信息网。
② 2008 年广州市低收入家庭住房困难调查结果。

2012 年，《广州市保障性住房制度改革创新试点方案》获广东省政府批准，广州市开始进行新一轮的住房保障制度改革。广州市保障性住房的土地由住房保障部门独立储备，资源较为充足。近年来，广州市对于保障性住房用地的供给全部到位，其供地规模在 2010 年首次超过广州市商品住房用地的年度供应量。为化解保障性住房用地供应的困境，广州市专门出台了《广州市保障性住房土地储备办法》，是全国首个创建保障性住房专用地储备制度的城市，为建立保障性住房用地长效供应机制打下了坚实的基础，从而对解决中低收入人群的住房问题进行双重保障。广州市 2010 年出台了《广州市住房建设规划（2010—2012）》（表 1-2），与 2008 年出台的《广州市住房建设规划（2008—2012）》（表 1-3）相比，廉租房的供应量增加了一倍以上，而经济适用房减少了一半。从 2008 年与 2010 年的住房计划比较不难看出：首先，由于社会需求扩大，政府明显加大了保障性住房的建设量；其次，弱化了经济适用房，改为以租赁房为主。

表 1-2　广州市 2010—2012 年度保障性住房建设计划表

年份 / 年	廉租房		经济适用房		限价房	
	面积 / 万 m²	套数 / 万套	面积 / 万 m²	套数 / 万套	面积 / 万 m²	套数 / 万套
2010	124	2.06	134	1.6	41	0.42
2011	48	0.80	60	0.7	48	0.50
2012	48	0.80	60	0.7	48	0.50
总计	220	3.66	254	3.0	137	1.42

注：总建设规划 8.08 万套保障性住房，总建筑面积 611 万 m²。

表 1-3　广州市 2008—2012 年度保障性住房建设计划表

年份 / 年	廉租房		经济适用房	
	面积 / 万 m²	套数 / 万套	面积 / 万 m²	套数 / 万套
2008	8	0.16	92 ～ 172	1.4 ～ 2.6
2009	30	0.56 ～ 0.60	60 ～ 80	0.9 ～ 1.2
2010	30	0.60	60 ～ 80	0.9 ～ 1.2
2011	15 ～ 20	0.30 ～ 0.40	60 ～ 80	0.9 ～ 1.2
2012	10 ～ 20	0.20 ～ 0.40	60 ～ 80	0.9 ～ 1.2
总计	93 ～ 108	1.82 ～ 2.16	332 ～ 492	5.0 ～ 7.4

注：总建设规划 6.82 万～ 9.56 万套保障性住房，465 万～ 600 万 m²。

由于岭南地区相似的气候特点，以及岭南文化本身具有较强包容性的文化特点，目前岭南地区保障性住房在户型设计层面具有较强的共性特点，并没有产生明显的差异性。广州和深圳在岭南地区具有人口基数大、保障性住房需求量和建设量多、对保障性住房的研究相对领先其他城市等特点。针对保障性住房这一特定研究对象，广州和深圳具有一定的典型性，而其二者由于政策制度和人口构成特点的不同，又具有一定的差异性。因此，本研究选取广州和深圳两座城市作为岭南地区保障性住房的研究对象，具有较强的代表性（表1-4）。

表1-4 广、深地区保障性住房研究进展

项目	广州市	深圳市
"十二五"规划	全市累计新增保障性住房建设面积1 000万 m² 以上	新建24万套、总建筑面积约1 616万 m² 的保障性住房
保障性住房建设法规	印发《广州市保障性住房设计指引》（2013版）	发布《深圳市保障性住房建设标准（试行）》
保障性住房竞赛	2007年，广州市政府保障性住宅平面设计竞赛	2011深圳"一·百·万"保障房设计竞赛
标准户型	2013年9月12日，发布《广州市保障性住房标准户型图集（征求意见稿）》，公开征集意见	2013年7月，华阳国际和深圳建筑设计研究总院的联合体公示其进行了一年多的《深圳市保障性住房标准化系列化设计研究》的阶段性研究成果

1.1.3 理论及学术背景

1.1.3.1 国外保障性住房户型研究现状

针对政府为低收入人群提供的政策性住房，有"公共住宅""组屋""公营住宅"等名称。"在欧洲，一些国家中公共住宅的比重较高，在40%～60%。亚洲地区以市场运作为主，通过政府的指导和调控解决大量性居住问题，许多国家如日本、印度、新加坡的公共住宅也在50%以上。"[2] 鉴于地域特征的多样性，以及保障政策和保障对象的差异性，各国保障性住房户型的发展轨迹随着经济增长呈现出一定的差异。多数国家和地区均经历了从最初保障居住数量逐步转变为在保障数量的同时提升居住品质的过程。这种转变体现在人均居住面积的增加、保障方式的变化等多个方面。这些国家保障性住房的发展历史、制度体系及户型设计均远远超越我国现状，极具借鉴和学习的价值。

（一）日本

在日本的公共住房政策中，以公营住宅、公团住宅、住房金融公库三大住房政策支柱为主，以住房发展规划作为主线。随着经济的发展，通过对居住者进行"居住实态调查"，在原有标准建设模式中融入了"公私分离""就寝分离""干湿分离""食寝分离"等新的居住和设计理念[3]。随之产生了"nLDK"型的套型设计模式，即套型是由 n 个卧室、起居室（L）、餐厅（D）、厨房（K）等空间组成。随着家庭人口的小型化，4LDK 以下的户型成为日本公共住宅提供的主体户型。其面积标准在《住生活基本法》中规定：4 人户基本保障性住房使用面积为 50 m^2；都市居住型和引导型面积标准分别为 95 m^2 和 125 m^2。

（二）新加坡

新加坡住房保障体系的保障率高达 85%，是一种面向大多数居民的住房保障，而非仅针对城市低收入人群。其规划和管理均由建屋发展局（HDB）统一规划管理，且选址均是沿交通线节点布局，达到社区自我可持续设计的标准。"保障性住房历史"根据经济水平的发展经历了从基本的组屋到公寓再到"Condo"（可私有化的公寓）三种形式。在组屋刚开始建设的十年间，其户型以 1-RM（一房）、2-RM（一房一厅）、3-RM（两房一厅）为主，套内建筑面积分别为 23 m^2、37 m^2、54 m^2。随着新加坡综合国力和人们生活水平的提高，户型标准发展为：两室一厅的 3Room 房型，套内建筑面积标准提升为 65 m^2；三室一厅的 4Room 房型，套内建筑面积标准为 90 m^2；四室一厅的 5Room 房型，套内建筑面积标准为 110 m^2。

（三）美国

美国公共住宅（public housing）建设的目的是为低收入者提供"买得起的住房"。美国法规规定"只有当住房消费小于或等于家庭总收入的 30% 时，这个住房对这个家庭才是可支付的"。其可支付住宅的建设缘起于 19 世纪的教堂，慈善家为低收入者提供安置房或庇护所，后发展为政府对开发商实行建房补贴，再到后来政府对住户提供"消费优惠"政策。美国政府主要从供给和消费两方面为低收入人群提供住房保障 [4, 5]。

1.1.3.2 我国保障性住房户型研究现状

针对保障性住房户型这一特殊领域，考虑到其首要面临的经济性建设难题，我国政府目前将研究重心聚焦于标准化户型及其建设标准的探索上。北京市、安徽省及厦门市等地均已发布户型标准图集。广州、深圳两市也已经对市民进行了标准户型征求意见，并取得了阶段性的研究成果。

目前，针对保障性住房户型设计的相关出版物主要对三个方面内容进行研究：①图纸汇总与收集，主要通过对设计院实际工程户型的收集和竞赛的获奖作品进行分类整理，并加以点评，但较难运用到具体的地域性实践中去 [7, 8]；②对保障性住房户内功能模块的解析，针对厨卫进行模块化的研究分析，对洁具、厨具等的布置，以及具体的材料做法进行分析，得出便于快速建造的厨卫设计模块 [9]；③小户型的精细化设计，由于商品房发展速度较保障性住房快很多，因此针对商品房进行的设计研究比针对保障性住房户型的研究更多。比如，周燕珉 [10] 教授针对中小户型和保障性住房进行了大量的研究，提出小户型应采用空间回路进行设计，以及系统化的精细化设计策略。

我国的硕、博士学位论文和期刊文章对保障性住房户型设计的研究多从青年人和老年人的特殊需求、"两代居" [11]、住宅适应性、工业化建造等方面入手，而对居住者目前的居住状况和居住行为进行系统的建成环境主观评价研究则相对较少，这造成设计师在一定程度上与居住者行为需求联系不紧密，部分地区依然存在通过缩小商品房户型的设计方法来进行保障性住房户型设计的现象。

总而言之，由于保障性住房发展历史较短，因此目前户型的研究具有较大的局限性，急需填补该领域的研究空白。

1.1.3.3 建成环境评价的学科发展及其在我国的研究动态

我国学者从 20 世纪 80 年代开始涉足建筑环境评价学领域的研究，经过多维度的实践和理论探索，该领域研究大体经历了三个发展阶段：第一阶段以"质化研究"为特征，主要归纳总结西方环境评价基本原理和评价方法与程序，并结合特定类型环境进行探索性评价实践；第二阶段以"量化研究"为特征，主要以居住环境的研究工作为代表，评价多采用数理统计方法，或建立评价模型，或形成评价因素集；第三阶段是以吴硕贤院士、朱小雷老师的研究工作为代表的建成环境主观评价（SEBE）研究，该研究以使用者需求为基础，确立"结构—人文"环境评价方法体系，这是量化与质化相交融的研究阶段。

因此，本研究将主要采用建成环境评价技术进行研究。由于该技术目前仍然处于应用探索阶段，因此这一理论成果迫切需要通过实践检验并获得反馈，以期实现理论的进一步完善和扩展。

1.1.3.4 使用倾向评价研究现状

主观使用倾向（subjective tendencies）是使用者对环境喜爱程度的表述，因此也叫作"喜爱度评价"或者"偏好研究"。与后文所提到的"使用方式"评价一样，"主观使用倾向"是针对岭南保障性住房户型层面住户对于户型空间使用上的隐性需求及内心渴望进行的研究。"使用倾向性"评价与"使用方式"评价互为补充，更多地反映在住户对环境的认知与行为的选择上，更强调使用者对环境体验过程的深化，目前学术界对于主观倾向的研究以认知方面居多。

"主观使用倾向"的研究在 20 世纪六七十年代就已经开始了，目前影响"主观使用倾向"（喜爱度）的因素有很多，主要有个人背景因素（如年龄、性别、文化等）、对环境的熟悉程度、环境的具体复杂程度、情绪因素等[12]。国外关于喜爱度评价的理论研究起始于 20 世纪 40 年代，目前主要集中在自然景观美学评价方面。在 21 世纪初期，此方向的研究转入了人工微观环境，研究对象的范围扩大到了办公楼、住宅、等候区域、护理单元等。

国内针对主观使用倾向的研究相对较少，主要有尹朝晖[13]的基本居住单元使用倾向研究；张文忠等[14]、伍俊辉等[15]、黄美均等[16]对于居住偏好的研究；肖亮等[17]、陈云文等[18]、施凤娟等以景观为对象的偏好研究；北京设计院居住区规划课题组关于"居住活动需求的调查"；策划公司对于居住环境偏好的市场趋势分析；郭昊栩[19]针对岭南高校教学建筑教室空间的主观倾向评价研究；陈向荣博士针对我国新建综合性剧场观众厅空间的喜爱度评价等。由此可以看出，目前国内的主观使用倾向研究主要是针对特定案例采用统计调查评价法所进行的实证研究，在建筑学意义上的主观使用倾向研究既少又不全面，针对本课题的研究对象——岭南保障性住房户型的主观使用倾向研究，则相对更加稀少，并且在评价因素构成标准上目前学术界也没有达成共识。

1.1.3.5 使用方式评价研究现状

空间使用方式评价是针对环境功能方面适用性能的焦点性评价，重点关注人在使用空间时的固有方式，从而揭示其使用过程中的心理需求。人的行为与环境是一种相辅相成的关系，从人对环境的使用方式就可以反映出环境的私密性、领域性和公共性这三个基本心理控制变量[20]。

早期使用方式评价的主体主要集中在公共空间，多采用观察法在现实场景中研究人的使用方式，并且利用问卷及访谈进行验证[21]。例如：简·雅各布斯（Jane Jacobs）[22]对城市公共生活的研究；扬·盖尔（Jan Gehl）[23]

对于公共交往空间的分析研究；C. 亚历山大（C. Alexander）[24] 等学者对公共行为模式的研究；克莱尔·库珀·马库斯和卡罗琳·弗朗西斯 [25] 针对城市开放空间的研究；美国研究人员通过不同季节同一位置的一系列照片证明美国相比其他国家在住宅中更少使用阳台；学者纽曼（Newman）通过观察到空间中增加"隔断"这一"道具"，判断出人们有意地创造"可防卫空间"的方法等。在当代，国外对使用方式的研究更注重研究人对空间的主观心理反应，实验模拟的方法被广泛应用。奥斯兰（Oseland）等 [26] 学者提出了主体不同而对房间大小的评价也略有不同的观点；萨达拉（Sadalla）等 [27] 的研究表明，人们对房间尺度的感知受房间形状的影响；而研究者彭纳茨（Pennartz）认为，房间的尺度、形状、封闭状况、布置均为影响家居"氛围"的物质因素 [28] 等。总体而言，观察法与实验法依然是空间使用方式评价研究的主要研究方法。

通过检索中国知识资源总库（1994—2013 年）、万方数据库等学术资源库，检索到包含"保障性住房""廉租房""经济适用房"等关键词的相关研究文献共计 13 290 篇。其中大部分是经济管理学科方向的研究成果，而建筑学科关于保障性住房的研究共计 794 篇（截至 2013 年），其中硕、博士论文共 123 篇，期刊及会议论文共 671 篇。在硕、博士学位论文方面，关于"岭南保障性住房"这一特定研究对象的文献暂时仍处于空白，而对岭南区域（如广州、深圳等南方地区）的保障性住房相关研究也相对较少。另外，对于保障性住房评价方面的研究仅有 2 篇，而且都只是局限在建筑技术方面。针对保障性住房的住户主观评价及保障性意图的研究也仅有少量期刊文献提及。

以广州、深圳为代表的岭南地区，当下正处于大规模建设保障性住房的时期，社会各界对广州保障性住房的讨论都十分积极踊跃，但这大多是从社会政策制度、经济管理角度入手，从规划和建筑设计的角度来对保障性住房进行研究的成果较少，对保障性住房的保障性意图、岭南地区保障性住房及保障性住房的舒适性的研究迫切需要补充，本书正是在这样的背景下对岭南地区保障性住房的保障性意图及主观评价体系展开研究。

国内针对空间使用方式的研究也有可喜的进展。例如：胡正凡先生用行为观察及空间记录的方法，对上海绿地进行了调查；乐音等[29]学者对上海南京路步行街世纪广场的空间行为进行了调研分析；尹朝晖等[30]采用问卷法、访谈法、观察法，对银行营业厅进行了使用后评价（post-occupancy evaluation, POE）；尹朝晖[13]采用了"平面图线索跟踪"方法，辅以半结构访谈法，对珠三角地区基本居住单元室内空间使用方式进行了评价研究等。但是针对保障性住房（特别是户型层面）的使用后评价研究则相对较少。

1.2 相关概念界定

本节涉及的核心概念包括保障性意图、保障性住房、主观评价研究等，具体如图 1-2 所示。

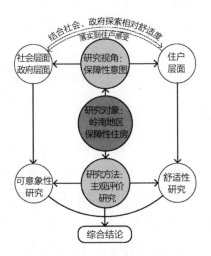

图 1-2 本节核心概念关系图

1.2.1 岭南

岭南（Lingnan; South of the Five Ridges）是中国一个特定的环境区域，岭南地区不仅地理环境相近，人们的生活习惯也有很多相同之处。由于历代行政区划的变动，现在提及"岭南"一词，可能特指广东、广西和海南三省区。

古往今来，关于岭南地区的具体地域范围一直有多种观点：《岭南思想史》称"历史上将'两广'称为岭南、岭外、岭表"[31]；1991 年出版的《岭南古建筑》认为，岭南地区包含了今天的"广东省、广西壮族自治区、海南省和港澳地区"；而《岭南文化》中历数了岭南地域范围在各个朝代的变迁，虽然边界模糊，但中心区域都是指珠江三角洲地区[32]。

近年来，在许多学术专著中，经常发现"广东省"与"岭南"互相替换的现象，如前文提到的《岭南文化》中所述"现在，人们为了方便起见，通常把岭南作为广东的代词"，《岭南思想史》中也有类似现象，广东省内及港澳地区共享公交系统——岭南通，也意味着将岭南界定为广东省及港澳地区。这种明确的置换边界符合中国目前研究机构和研究项目多以行政区划为确定标准的原则。本研究受各方面条件的限制，要覆盖地理范围上的广义岭南地区较难实现，因此本书以广东地区保障性住房发展起步较早、发展较成熟、建设量较大的广州、深圳两地作为主要研究对象。

1.2.2 户型

"户型"的字面意思是"单元房内部卧室、客厅、厨卫等的格局类型"[33]，又叫"房型"，亦指依据家庭人口构成类型（如家庭人数、结构组成方式、代际数）的不同而划分的住户类型。受到计划经济的影响，"户型"和"套型"产生混用，根据《住宅设计规范》（GB 50096—2011）的解释，"套型"是指"由居住空间和厨房、卫生间等共同组成的基本住宅单位"，并且"户型"这一叫法一直沿用至今，被大众普遍接受。

住宅"户型"的概念几乎能涵盖公寓、别墅、普通住宅等所有的住宅类型。但是根据本研究对象的紧凑型居住特点，本研究的"户型"内部行为与心理会在一定程度上结合户外空间的利用，因而其内涵将突破空间布局和面积分配，涉及三维空间环境对居住者的影响，如使用空间对使用行为的影响、使用行为的不同时间或不同空间的叠加等。户型并不是独立存在的，还依托户型之间的组合方式和公共空间，并且通过研究，针对保障性住房这一特定研究对象，其住户行为与活动必然延伸到户外公共空间。因此，不能完全抛开公共空间来谈论户型，所以本书的研究范围将以套型为基础，包含各套型及其公摊部分所共同组成的整个三维标准层空间的范围（图 1-3）。

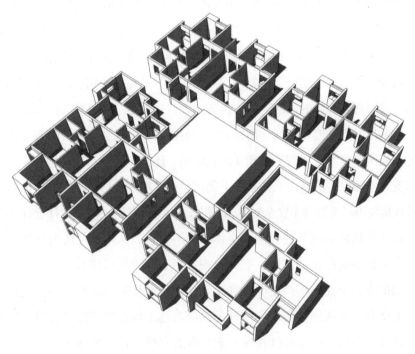

图 1-3 户型研究范围示意图

1.2.3 保障性住房

保障性住房（indemnificatory house）是指限定标准、租金水平或销售价格，面向住房困难家庭出租或销售，具有保障性质的政策性住房[34]。保障性住房主要包括用以出租的廉租房和公租房、用以出售的限价商品房和经济适用房，以及定向安置房、危旧房和棚户区改造等。

根据笔者目前文献阅读所及，目前国内对"保障性住房"一词的英文翻译大体有"indemnificatory housing""affordable house""public housing"等，本书结合岭南地域位置，认为《广州市保障性住房设计指引》中的翻译（"indemnificatory housing"）更符合保障性住房本身的概念特征。

保障性住房相对商品房的差异性认识如下。

"保障性住房"这一概念与西方资本主义国家住房体系里的"社会住房"的概念相近。"社会住房"中的"社会"一词其实就代表着政府履行社会责任的含义，是不受市场利益驱使的公益性行为，因此与之相反的应该是"市场"。"市场住房"就是与"社会住房"属性相区别、以追求利润为目的、具有商业性质的住房产品。换句话说，这就是"商品房"的概念。市场住房的出发点是追逐利润，而社会住房的出发点是社会关怀。但需要注意的是，我国保障性住房的类型和实际实施中，还存在部分与市场机制相关联的情况，市场供需机制在某种条件下仍然会对保障性住房产生影响，因此保障性住房与市场机制并不完全对立，其概念不完全等同于西方的"社会住房"。

由于住房体制改革前我国住房体系并不完善，保障性住房的诞生并不意味着要抑制商品房的发展，它的出现是为了完善住房体系，避免仅在市场机制的驱动下商品房产生弊端和缺陷。保障性住房和商品房在土地使用性质上就存在着区别，商品房用地是政府通过土地竞拍有偿划拨给开发商作为建设用地的，而保障性住房一般是政府直接出让土地并出资建设的，因此用地的性质区分了其上建设的是商品房还是保障性住房。表1-5是保障性住房与商品房在不同层面上的差异。

表 1-5　保障性住房与商品房的主要差异

差异点	保障性住房	普通商品房
属性	社会住房	市场住房
目的	社会保障	追逐利润
市场关系	市场供需机制在某种程度上产生小范围影响	完全根据市场供需机制轨迹波动
用地性质	政府出让	土地竞拍 / 有偿划拨
产权性质	经济适用房 5 年内不得买卖或由政府回购，5 年后上交收益金出售	自由处置，自由出售
购买或者使用资格	政府审批通过的低收入人群	任何有足够资金的群众
面积限定	经济适用房及廉租房国家标准小于 60 m²，以 40 m² 为主	无面积限定，新建项目 90 m² 户型不低于 50%
成本	低成本开发，开发商利润小于 3%	根据开发条件无成本限制
区位	大规模项目以近郊为主，独栋项目也有在城区内设置	无明确地段要求
使用人群	符合政府准入条件的低收入者人群	任何支付得起购房款的社会成员
密度	以 4.0 左右为主的高密度住宅	根据不同楼盘存在多种密度
层数	以 18 ～ 32 层的小高层、高层为主	不限
户数	以一梯 8 ～ 16 户为主	以一梯 3 ～ 4 户为主

　　保障性住房归根到底是一种社会福利，是社会保障制度的重要组成部分，公益性是它的一大基本属性。而公益性与投资之间的矛盾暗示了保障性住房不可能拥有普通商品房的建设资金储备，因此保障性住房的标准制定必须与商品房存在差距。从设计领域出发，保障性住房相对商品房属于新对象，但它们同属于住房产品，因此合理借鉴已经成熟、稳定的商品房设计经验无可厚非。但保障性住房又具有其特殊性，因此设计师在实际设计过程中也不能盲目参考、照搬商品房的设计，必须牢牢把握二者的差异，最大限度地保证保障性住房设计的价值取向和社会定位的正确。结合郭昊栩与邓孟仁两位学者 [35] 对保障性住房与商品房的差异性研究，笔者认为保障性住房与商品房存在如下三点明显差异。

　　（1）"非市场"性。保障性住房与商品房的首要差别就在其政策环境的非市场性。在这方面，国家的政策文件也有相关的明确阐述。《国务院关于深化城镇住房制度改革的决定》（国发〔1994〕43号）明确提出"建立以中低收入家庭为对象、具有社会保障性质的经济适用住房供应体系和以高收入家庭为对象的商品房供应体系"。《国务院关于进一步深化城镇住房制度改革加快住房建设的通知》（国发〔1998〕23号）则指出"停止住房实物分配，逐步实行住房分配货币化；建立和完善以经济适用住房为主的多层次城镇住房供应体系"[36]。

我国住房的政策属于补充型供应，与目前发达国家主流的住房政策相吻合。我国经济制度实行的是以市场经济为主体、以计划经济为补充的互补经济模式，而商品房和保障性住房分别是两种经济模式的实践载体。我国的商品住房主要依靠市场机制进行发展，而政府以必要的干预作为对市场机制缺陷和不足的调节和补充，保障性住房政策正是通过政府宏观调控来对住房体系进行完善。因此，保障性住房的职责不是去追逐市场利益的最大化，而是作为一种准公共产品，体现社会公平与实现社会保障。因此，其设计必须符合公共性与政府救济性的目标。

（2）"两低"。所谓"两低"是指"低标准建设"与"低成本使用"。我国人口密度大，人口基数大，而城市化及社会发展水平不高，在大人口基数下的低收入人群群体规模庞大，因此保障性住房急需解决应受保障的社会人群规模与资金投入不成正比的问题。为了使有效的资源能为更多人服务，在保障性住房的设计与建设上，必须把握"两低"的原则。

我国对保障性住房的一些设计标准，特别是面积要求，已给出了明确规定。例如：《国务院关于解决城市低收入家庭住房困难的若干意见》（国发〔2007〕24号）规定经济适用住房套型建筑面积应控制在 60 m² 左右，廉租房套型面积应控制在 50 m² 以内；《关于加快发展公共租赁住房的指导意见》（建保〔2010〕87号）规定公共租赁房单套建筑面积须控制在 60 m² 以下。

落实到岭南地区，广东省住房和城乡建设厅颁布的《保障性住房建筑规程》指出，新建廉租住房的套内使用面积应该控制在 40 m² 以内；公共租赁住房的套内使用面积应该控制在 50 m² 以内；经济适用房的套内使用面积宜维持在 50 m² 左右。《广州市保障性住房设计指引》则要求保障性住房建筑单套面积应控制在 60 m² 以内，《深圳市保障性住房建设标准（试行）》根据户型分类，限定了廉租房与经济适用房不能超过三个居住空间，如果户型为一至两个居住空间，其面积必须控制在 35 m² 以内，三个居住空间的则控制在 60 m² 以内。

根据目前我国的经济发展阶段，住房保障应该严格坚持低标准原则，在面积、户型及材料的成本控制上都要制定严格标准，才能实现预期的覆盖率，更好地解决基本的住房需求问题。因此，保障性住房的设计在这些条件的约束下，必定与商品房存在着本质差异。如何在有限的面积内设计出满足住户生活需求的户型；如何合理分配小空间；如何在低成本建造的同时创造较好的社区环境，体现人文关怀，实现政府的保障性意图；如何考虑用户在后续使用中能维持低成本与可持续等，都是保障性住房在设计层面应该思考的重点。

（3）交往空间与定制户型。保障性意图的体现除了满足居民的基本居住需求外，也不能忽视居民之间的相互交往。居民的交往影响着一个社区的氛围，邻里关系影响着一个社区是否和谐。由于保障性住房的住户群体大多并不是忙碌的上班族，他们日常生活中有大量时间资本，能构成各种邻里交往。因此，与现代商品房住户的需求不同，住户对交往的需求指引着我们对保障性住房户外空间的设计。更进一步来讲，为了使保障性住户这一社会群体不被孤立，我们不单要从创造交往空间入手，还要站在社会阶层的差异性层面考虑保障性住户的社会融入问题。因此，社区结构与配建模式也应纳入设计者的考虑范围。"混合社区"与"同质邻里"的概念对解决上述问题有着较强的科学指导意义，应当从本源上融入保障性住房的规划设计中。

由于保障性住房首要满足的是住户基本的居住功能，但其面积限定严格，因此针对户型的精细化设计在保障性住房设计中就显得尤为重要。早期我国的保障性住房在户型上并没有突破传统的商品房设计模式，大多只是在满足指标下盲目缩小普通商品房的户型面积，因此空间舒适性大打折扣，户型不具备灵活性和适应性，缺乏人文关怀，其仅仅是满足了规范要求，却与住户的需求相悖。保障性住房的户型设计必须从住户的家庭结构出发，面向"两代居"或"三代居"这类群体进行考虑。户型设计应从住户行为的私密要求、使用组合、生活习惯等方面进行考虑，归纳总结模块化的语言，形成满足保障性住房住户需求的设计模式。

1.2.4 保障性意图

保障性意图（indemnificatory purpose）是指不同社会角色（政府、社会及受益人群）对于保障性内涵的不同理解，是保障性住房相对于商品房的差异化认知。保障性意图应作为保障房住宅的本原设计价值[35]。

在住户层面，保障性意图不仅是为了解决他们基本的居住问题，更希望能在保障性住房内获得舒适感、幸福感等；在社会层面，保障性住房是政府出资建设的公益项目，资金主要来源于国家税收，因此保障性住房只应具备保障性特征，解决最基本的居住问题。而基于政府的保障性意图，一方面，需要通过改善城市低收入居民的居住条件来改善民生，从而促进社会和谐；另一方面，又必须遵守市场机制，平衡其他社会群体的利益压力，因此必须严格控制保障性住房的质量标准，避免影响社会公平、扰乱住房市场、引发社会危机。

保障性意图源于政府，从政府的相关政策文件中，我们可以归纳出政府的保障性意图（表1-6）：其一，通过落实保障性住房建设，以改善低收入者的居住环境；其二，根据相关规定，严格控制保障性住房的设计和建设标准，以维护市场稳定及社会公平。

表 1-6 政府保障性意图体现的相关政策法规

政策目的	年份/年	文件名	内容要点
解决低收入者居住问题，改善低收入者的居住条件	1991	《国务院关于继续积极稳妥地进行城镇住房制度改革的通知》（国发〔1991〕30号）	首次提出类似于经济适用房的字眼——"经济实用的商品住房"，优先解决无房户和住房困难户的住房问题
	1994	《城镇经济适用住房建设管理办法》	提出经济适用房建设要满足"经济、适用、美观"的原则
	1995	《国家安居工程实施方案》（国办发〔1995〕6号）	加快解决中低收入家庭住房困难户的居住问题，建立具有社会保障性质的住房供应体制
	1998	《关于支持科研院所、大专院校、文化团体和卫生机构利用单位自用土地建设经济适用住房的若干意见》	改善职工的居住条件
	2006	《关于调整住房供应结构稳定住房价格的意见》	将廉租房供应对象范围调整为"低收入家庭"，提出"廉租住房是解决低收入家庭住房困难的主要渠道"
	2009	《2009—2011年廉租住房保障规划》	廉租住房控制在人均住房面积 13 m^2 左右，套型建筑面积 50 m^2 以内，以保证住户基本的居住功能
	2010	《关于加快发展公共租赁住房的指导意见》（建保〔2010〕87号）	公共租赁房主要致力于解决城市中等偏下收入家庭住房困难的"夹心层"
		《关于做好住房保障规划编制工作的通知》（建保〔2010〕91号）	加快建设公共租赁住房、限价商品住房，解决中等偏下收入家庭的住房困难
	2007	《广州市关于加快住房和土地供应加强住房管理抑制房价过快增长若干问题的意见》（穗字〔2007〕2号）	加快政府保障性住房建设。双特困户应"应保尽保"
	2009	《广州市保障性住房土地储备办法》	创新了土地储备机制，优化了土地征收补偿措施。从用地源头抓起，加快保障性住房用地的供应，加大政府保障性住房建设力度
	2011	《广州市保障性住房小区管理扣分办法（试行）》	对不文明的居住行为进行监督的同时，也提醒住户自律，希望通过大家共同努力营造文明、卫生、安全、和谐的小区环境
	2013	《广州市公共租赁住房保障制度实施办法（试行）》	打破户籍限制，将新就业职工、引进人才及优秀外来务工人员等非户籍人员纳入保障范围
	2016	《广州市公共租赁住房保障办法》	公共租赁住房可以集中新建，也可以在普通商品住宅项目或结合城市更新改造项目按需配建
	2018	《广州市新就业无房职工公共租赁住房保障办法》	完善广州市住房保障体系，加强公共租赁住房保障，规范住房租赁补贴发放和公共租赁住房建设、运营与使用
	2024	《广州市住房和城乡建设局关于调整广州市公房住宅租金标准的通知》（穗建规字〔2024〕1号）	将享受每平方米每月1元使用面积优惠租金的困难群众范围由原来的低保、低收入、特困职工住房困难家庭扩展为最低生活保障家庭、最低生活保障边缘家庭等

续表

政策目的	年份/年	文件名	内容要点
限定保障性住房的建设标准	2004	《城镇最低收入家庭廉租住房管理办法》（国家税务总局令第 120 号）	规定廉租房人均面积不超过当地人均住房面积的 60%
	2007	《国务院关于解决城市低收入家庭住房困难的若干意见》（国发〔2007〕24 号）	规定经济适用住房套型建筑面积在 60 m² 左右；规定廉租房套型面积控制在 50 m² 以内
		《经济适用住房管理办法》	经济适用房单套建筑面积控制在 60 m² 左右
		《广州市城市廉租房制度实施办法》和《广州市经济适用房制度实施办法》	廉租房保障范围扩大，面积小于 50 m²，经济适用房小于 60 m²
	2009	《2009—2011 年廉租住房保障规划》	廉租住房控制在人均住房面积 13 m² 左右，套型建筑面积 50 m² 以内，以保证住户基本的居住功能
	2010	《关于加快发展公共租赁住房的指导意见》（建保〔2010〕87 号）	规定公共租赁房单套建筑面积控制在 60 m² 以下
	2011	《国土资源部关于加强保障性安居工程用地管理有关问题的通知》（国土资电发〔2011〕53 号）	公租房套型建筑面积应控制在 60 m² 以内，以 40 m² 为主
		9 月 20 日，国务院常务会议	要求公租房建筑面积以 40 m² 左右的小户型为主
	2016	《广州市公共租赁住房保障办法》	新建的成套公共租赁住房，单套建筑面积控制在 60 m² 以下，以 40 m² 左右为主
	2023	12 月，《广州市公共租赁住房保障办法（公开征求意见稿）》	新建的成套公共租赁住房要综合考虑住宅使用功能与空间组合、居住人口等要素，合理确定套型比例和结构，单套建筑面积一般控制在 60 m² 以下

1.2.4.1 保障性意图的不同层面体现

由于保障性意图对于不同社会角色有着截然不同的含义与意义，因此分辨他们之间的区别与寻找他们之间的联系对认识保障性意图的完整性具有重要意义。保障性意图源于政府，落实于住户，受到市场环境下的社会其他成员的制约，他们之间相互依赖、交叉干扰，最后形成了矛盾又统一的关系（图 1-4）。

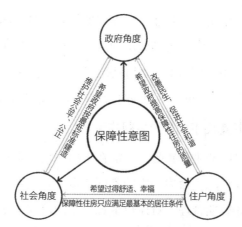

图 1-4　不同阶层角度保障性意图的相互影响

　　住户是保障性意图的接收者，对意图的实现具有直接的反馈作用。落实到具体要求，住户眼中的保障性意图除了应解决基本的居住问题外，还希望能在保障性住房居住中获得舒适感、幸福感和归属感等，他们内心对保障性住房品质的追求并没有明确的上限，希望保障性住房能成为他们赖以生存的居所。而社会其他阶层作为非受益群体，是保障性意图的约束者与监督者，一方面，出于社会公德与责任感支持政府制定对低收入阶层进行保障的政策与措施；另一方面，却认为保障性住房属于政府出资建设的公益项目，资金主要来源于国家税收，因此保障性住房只应具备基本的保障性特征，解决中低收入者最基本的居住问题，不应将保障性住房与商品房相类比，过分强调居住舒适，从而损害市场公平和社会和谐。

　　保障性意图的根源来自政府，"保障性住房"这一概念本身体现了住房的最终目的——为特定人群提供住房保障。保障性住房建设的目的不是获利而在于"保障"，它是一种"社会必需品"，是为特定人群提供"住"的保障。这是最基本的意图体现。

　　政府的保障性意图有两个层次的含义：一方面，希望通过改善城市低收入居民的居住环境来体现社会主义制度及国家方针政策的优越性，折射了政府保民生、保稳定、保就业、促发展的根本政策意图；另一方面，对保障性住房的建设又要考虑市场经济的规律与社会其他阶层的压力，因此必须控制保障性住房的质量标准，让保障性住房从指标控制到建设成本都与商品房有着明显差距，提供保障的同时希望住户自身能努力实现社会价值。

1.2.4.2 保障性意图下的住户主观感受

研究保障性意图的主观感受，关键在于抓住出发点与反馈点。保障性意图体现在保障性住房生命周期中的不同阶段，包括：①前期投资；②中期设计与建设；③后期管理。对住户主观感受的研究主要是从后期管理与建设成果入手，通过住户反馈获得再设计与建设的指引。而前期政府的决策范围不属于本书的研究重点。

在对住户的主观感受进行研究时，需要先了解政府进行保障性住房建设的意义，通过相关文献研究总结归纳有如下四点。

第一，城市低收入者的居住条件问题是重要的民生问题。改善居住者的居住环境、建设保障性安居工程，对于改善民生、促进社会和谐稳定具有重要意义。

第二，保障性住房建设有利于促进住房保障体系和社会保障体系的完善。通过住房体系结构的调整，一方面，能弥补住房市场的弊端，调节畸形的房地产市场，改善社会投资方向；另一方面，能起到宏观调节社会结构、影响金融市场与经济结构的作用。

第三，保障性住房具有拉动经济的作用。随着保障性住房的大面积建成，社会庞大的低收入群体就可以实现"居者有其屋"。

第四，保障性住房建设有利于调控房市，控制高房价，更好地落实房价调整的政策目标，减少来自刚性需求的恐慌性，引导房地产市场平稳、理性运行。

目前，在我国保障性住房的建设模式中，政府的参与不是太多而是太少，尤其体现在前期投资和保障性住房建成后的管理和运作上。

保障性意图的实现将通过住户的体验进行反馈，这些具有明显共性的居住者——低收入人群的居住理想才是保障性住房发展的原始动力，他们的迫切需要才是保障性住房建设需要抓住的重点。所以，对保障性意图的研究也必须从这些住户身上获得反馈，通过住户的反馈来评估保障性住房意象理想与现实的差距，以及政府保障性意图的实现情况。

衣、食、住、行是住户生活中的四大基本需求，而这四项活动中的大部分都与作为庇护所的"家"相关联。衣、食、住通常都在"家"里发生，而行则常以"家"作为起点和终点。保障性住区住户作为城市居住区中的一类，具备基本居住区的功能，而居住在其中的住户也与其他住区住户一样存在着对这些基本居住功能的感受。通过这些感受去了解保障性住区的使用状态，评估住户的心理反应与居住满意度，最终量化评价保障性意图的实现程度。根据感受的层级和小区融入度的不同，可以分为居住感受、生活感受和交往感受。

首先，居住感受是住户对小区基本物理因素最本初的反应，如对居住面积、户型空间、声光热、朝向布局等物理环境的感受反应，是住户主体处在小区特定环境中就会产生的直观感受，它是住户获得其他感受的前提条件。

其次，生活感受是指在入住小区后，住户进行必要的生活行为来维持生存，如买菜、做饭、睡觉、做家务等，是维持生活的必要行为。住户在进行此类活动时会产生对户型使用是否方便、建筑内部的各个系统是否使用舒适、周边环境提供的生活配套是否齐全等的感受，它是通过住户在入住小区、具体使用后反映出来的。

最后，交往感受是最高层级的感受，也是一个小区区别于"单细胞"的住宅单元而带给住户的感受。在社区生活中，住户单体不仅与建筑、外环境、各种水暖电系统有关联，更重要的还会产生邻里之间的关系。社区内的人也对住户的感受产生重要影响，邻里活动是否频繁、小区氛围是否和谐等都影响着住户的交往感受。

从环境心理学角度出发，住户对小区能否产生情感是研究住户感受的重点，也是保障性意图能否实现的关键。社区情感又称作社区归属感，"一般说来，所谓社区情感是指社区居民在主观上对自己、他人及其整个社区的感觉"[37]，"这种感觉包括认同、喜爱、依恋等多种情感，一般也将之统称为社区归属感"。归属感最早是由美国心理学家亚伯拉罕·马斯洛（Abraham Maslow）提出的，他认为个体对所处群体的强烈认同，即为个体归属感。

研究保障性意图的住户反馈，可以从研究住户的社区归属感入手。从社会学家的角度出发，归属感主要受居民社会经济地位、社区满意度、社区参与度、社区进步认知度及居住年限的影响。也有学者根据环境心理学的理论，提出归属感的影响因子包括舒适感、安全感、识别感、交流感、成就感五大因子[38]。本书是对保障性意图的主观评价研究，在后续章节中也通过舒适性评价和可意象性评价分别对舒适感、安全感及与心理相关的满足感、幸福感等进行研究，以获得保障性意图下的住户感受评价。

1.2.5 居住方式

居住方式（the way of living）本意是指"居民对生活空间的选择与安排、占有与享用的方式，是居民生存方式的重要组成部分"。居住方式主要包括"①亲属聚居方式；②单位生活空间的外部分割方式（公共卫生间、浴室等）；③内部空间的分割安排方式；④私人生活空间的拥有方式；⑤享有何种外部人文环境；⑥关系到居住同质度变化"[39]。本书所指的对居住方式的研究是根据其本身的定义及本研究对象的特殊性，将其细化为对户型的"使用方式"和"使用倾向"（行为和心理）两个层面的研究。

使用方式（spatial usage）：空间使用方式是空间行为研究的重要课题，着重研究人使用空间的固有行为方式，并进一步揭示人使用空间时的心理需要。空间使用方式评价是针对"环境功能方面适用性能的评价（主要涵盖空间的灵活性、方便性、适应性等）"，是对环境本体要素的研究。通过这类研究可以归纳与总结出研究对象的行为模式与空间设计模式，并以此为设计依据，进行更加人性化的空间设计。使用方式评价是以"领域特征与物质环境特征作为基本控制变量"的，对特定环境的使用方式评价研究，一般站在"个人空间的使用"和"社会空间的使用"两个视角分析影响空间使用的因素，确定评价内容、规模及策略。影响空间使用的因素一般有五个方面：场所内在的使用特征和意义、领域的私密性和公共性特征、环境的空间物质质量状况、物理环境因素、空间习性行为因素等。此外，人口特征、背景因素、社会文化因素也会对空间使用的方式产生一定的作用。

使用倾向（subjective tendencies）：倾向是对喜爱程度的表述，因此主观使用倾向评价也叫作偏好评价（或喜爱度评价）。主观倾向是评价主体对评价对象进行比较时在"哪一个更能给人的某方面需要提供更高满意度"这一意义上的直觉映像。主观倾向的态度常常反映在对环境的认知与行为的选择上，是环境体验过程的深化。在特定情境中，主观倾向的内涵被引申为"更加注意"或"更感兴趣"，衍生出与之相类似的环境吸引力或感染力评价。于是，主观倾向又被定义为"价值比较所生成的一种直觉映像"。这种直觉上的价值量度对象不仅是处于感觉层次的映像，还包含处于心态层次的映像。目前学界关于主观倾向的研究以认知方面居多。

1.2.6 主观评价研究

建成环境评价可分为主观和客观两种类别：主观范式主要以主体的认知、感知和对环境的态度作为研究依据；客观范式则通过测量建筑环境的物理量及观察建筑的外显行为收集相关信息作为研究依据。本书以主观评价为论题，强调使用者在建筑设计中的本体价值。

使用后评价（POE）是西方建成环境评价的中心概念，亦称作"building-in-use-studies""building diagnostics"（建筑诊断学）、"building pathology"（建筑病理学）等[40]。它与设计方案评价有着明显的区别，强调的是建筑环境在使用状态中的综合技术性研究。在我国建设过程中引入POE概念，应当突出满足"使用者价值需求"这一最终目标，而且能适应多种应用目的。因此，本书强调建成环境主观评价作为建成环境评价的中心概念，认为建成环境主观评价（SEBE）是从使用者的基本需求出发，以研究人与环境相互作用为视角，依托物质和社会两大基础，以人们主观感受的集中趋势作为评价标准的一种环境评价。

建成环境主观评价的内涵如下："利用科学系统的方法，收集环境的使用者对环境状况的主观判断信息，以使用者的价值取向为依据，对环境设计目标的实现程度进行检验，并对建成环境在满足和支持人的需求方面的程度做出科学的判断，为环境设计、管理和建成环境的改进提供客观的依据。"[41]

主观评价又可分为综合性评价和焦点评价，而建成环境主观评价通常是综合性评价。由于针对保障性住房这个特殊的研究对象，环境质量评价、满意度评价、环境美评价、环境喜爱度评价等与各层次保障性意图的体现关联较弱，因此本书的综合性评价主要采用可意象性评价和舒适性评价：针对政策、社会保障性意图的施政层面采用可意象性评价方法，而针对住户本体的保障性意图感受方面，采用舒适性评价方法（图1-5）。

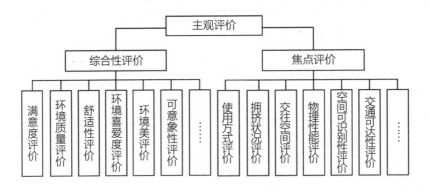

图1-5 建成环境主观评价的构成图

1.2.6.1 舒适性评价研究（researchon amenity evaluation）

（一）舒适性概念

"舒适性"可定义为"周围环境对使用者生理需求和心理需求的满足程度"[42]。舒适性评级是指人们根据对客观环境从生理与心理方面所感受到的满意程度而进行的综合评价。一个舒适的环境必然是让使用者身体和精神的需求都得到满足的，是让人感到轻松愉快的。

（二）住宅舒适性评级体系

在我国，对于居住舒适度定量的评判标准仍未成熟，但有文字类描述及物理舒适度的评价标准。例如，国内专家将住宅的"宜居性"定义为适宜人居住的自然环境及社会人文环境的结合体。另外，住宅性能等级评价是我国目前仅有的对住宅物理环境的舒适量化评判标准。根据住宅性能评定技术标准，在对住宅进行综合评价后，由高至低依次划分为"3A""2A""1A"三个等级，"3A"是高舒适性住宅[43]。

本书的舒适性评价不仅仅局限于建筑物理舒适性，它涵盖了使用者生理需求和心理需求的满足程度，是从人的社会、心理及行为等层面研究使用者对环境适宜感的主观判断。

（三）相对舒适性

相对舒适性是有别于一般舒适性的有上限范围的舒适性。由于保障性住房的特殊性，保障性住房不能追求无限的舒适尺度，只允许在限定的舒适范围内去实现居住舒适，而这一尺度的确定必须通过深入了解住户的根本需求，深层次分析政府、社会的保障性意图，并结合马斯洛需求层次理论后分析得出。

1.2.6.2 可意象性评价研究（researchon intentionality）

意象（image）：心理学家认为，人之所以能识别和理解环境，关键在于能在记忆中重现空间环境的形象。曾经感知过的事物在记忆中重现的形象称为"意象"或"表象"[20]。大量的研究证实，意象与活动相互吻合，最终体现在人们头脑内的地图之中。

朱小雷博士对可意象评价的作用给予了阐明：通过对使用者认知意象的评价，可以准确地预测行为，从而为设计提供可靠的参考信息[40]。越符合主体意象的环境，就越得到人们的认同，通常也是品质高的环境的必备条件之一。

本书可意象性评价研究立足于政策和社会层面，研究这两个层面保障性意图在个体感受上的体现是脱离建筑空间对无形意象的研究。这种研究是在传统可意象性评价研究基础上的创新，试图将意象研究拓展到非物质层面，是从使用者主观反应的角度研究政府保障性意图的实现情况。

1.3 研究目标及意义

1.3.1 研究目标

本研究的目标是利用科学的方法、理性的分析，通过对使用者居住方式的观察分析研究，以及岭南传统居住方式中的行为特点和被动式节能策略在保障性住房移植的可行性探究，为岭南地区的保障性住房户型设计提供概念性户型及设计模式的参考。具体而言，研究拟实现以下目标：

第一，总结目前户型设计的走向与特色，定位岭南地区保障性住房户型的发展阶段。以大量的保障性住房户型资料为基础，结合实际调研和相关理论进行空间解析，进而对保障性住房户型空间进行类型化处理，然后结合相关理论和调查研究，总结得出现有保障性住房户型设计的基本特色与走向，进而类比国外发达国家保障性住房户型的发展阶段，定位岭南地区保障性住房户型的发展阶段。

第二，评价和归纳符合岭南地域特点的居住方式。选取合适的研究样本，运用建成环境使用后评价方法开展研究，从而得出保障性住房居住者的户型空间使用方式和使用倾向，以及喜爱的室内空间布局，推测和掌握使用者对保障性住房户型空间功能上的显性需求和隐性需求，并结合岭南传统居住方式的特点，创新地提出符合岭南地域特点及文化的居住方式，以提供符合岭南地区保障性住房使用者行为特点的户型设计依据。

第三，归纳岭南保障性住房户型空间设计模式。对保障性住房户型空间使用过程中的异用和误用行为进行观察分析。总结保障性住房户型设计中使用方式与设计预期的不同之处，并通过观察分析的结论来提出一种更符合岭南地区保障性住房使用者行为特点的岭南户型空间设计模式。

第四，在岭南保障性住房户型设计中应用岭南传统居住方式中的被动式节能策略。根据前人总结的岭南传统民居应对气候的策略，结合所提出的概念性户型，利用计算机软件仿真模拟的方法进行研究，以获得保障性住房的气候影响因素，并探讨岭南传统居住方式中与被动式节能相关的设计手法和生活方式在保障性住房户型设计中移植的可行性研究，如行为模式、户型功能组合模式、细部构件处理等，归纳得出适合岭南地区保障性住房的被动式节能策略。

第五，提出适合岭南地区的保障性住房图示化的概念性户型及设计模式语言。依据研究结论，提出结合岭南地区被动式节能策略、使用者居住方式、保障性住房空间设计模式的概念性户型设计参考方案，并根据研究结论提出岭南地区保障性住房户型设计模式语言及相应的设计导则。为岭南地区保障性住房户型设计提供参考，加速完善岭南地区保障性住房体系的建设。

1.3.2 研究意义

首先，本书对落实住房保障体系、实现社会公平、保证住房市场机制的良性运作和社会稳定有着重要意义。从 2004 年我国住房制度改革以来，我国保障性住房的需求与建设都快速增长。然而，我国的廉租房制度还处于相对落后的水平，地方性、区域性的住房制度更是存在大量的空白。至 2007 年，在全国 657 个城市中，仍有 145 个未建立廉租房制度[44]；在 121

个地级及以上城市中，仍有 66 个未明确土地出让净收益用于廉租房制度建设的比例。住宅建设还不适应人口资源环境的状况，科技贡献率低，资源消耗高。为了从根本上解决这些问题，一方面，必须进一步深化改革，建立和完善符合中国国情的住房政策体系；另一方面，需要对未来保障性住房的设计进行优化，了解需求者的心理，做到最大限度利用有限的资源。

其次，本书有助于岭南保障性住房"低成本建设"和"居住舒适"的统一。针对保障性住房的研究是当下的热点，特别是广州、深圳等代表岭南地区的城市，已经出台了许多相关的制度、法规来完善住房保障制度，但大多只是从宏观层面对制度、政策进行规范。从总体上看，我国住房政策体系和住房保障体系还不健全，特别是保障性住房没有统一的设计、建设标准，而保障性住房的相对舒适性控制更是缺乏科学的依据，保障性住房的评价体系也相对处于空白。保障性住房是一种过渡性住房保障措施，是安全性和生存性保障，但保障性住房在居住标准较低的情况下，仍应具有合理的住宅功能布局，既能保证住宅的使用方便，满足基本的生理需求，又能使居民产生幸福感、满足感和归属感。因此，研究如何在有限成本和一定规范的范围内尽可能地满足居住者的需求，实现"低成本建设"和"居住舒适"的统一有着重要意义。

再次，本书有助于填补岭南地区保障性住房研究的空白。针对岭南地区独特的气候特点，岭南的建筑设计也积累了丰富的经验，并总结形成了许多的相关理论与技术。然而，针对岭南地区保障性住房的研究，至今仍然处于落后阶段，而且相关的规范、制度也未给出明确、有效的指引。因此，围绕岭南地区保障性住房进行研究，深刻领悟保障性意图的不同层次内涵，建立一套科学的、具有地域性和时代性的保障性住房主观评价体系，对制度的建设与完善及提升未来保障性住房的品质具有重大意义。

最后，本书运用各学科、各领域的研究方法，从多角度来研究问题。

目前已有的关于保障性住房理论的专著大多只从传统建筑学科或者社会及经济的单学科角度来讨论问题，而保障性住房这个课题本身是一个涉及多学科、具有复杂社会性的课题。如果只从单学科角度进行研究，将影响研究的客观性和全面性，最终导致把握不住问题的实质和矛盾的主次关系。面对这样的问题，建筑师必须跳出自己的理论圈子，运用多学科理论从多视角来审视问题，必须抓住对主体需求和客体属性的研究，从而找到问题的关键。这要求建筑师应尽可能多地掌握心理学、社会学等学科的研究方法，利用数理统计分析、计算机模拟分析等技术手段进行分析研究，最终回归本学科的相关理论，才能得出更有效率、更具可信度的研究成果。

1.4 研究方法及框架

1.4.1 研究方法

第一，理论分析法。根据建筑学、人居环境科学、马斯洛需求层次理论，以及相关社会学、环境心理学知识确立研究框架，设计合理的评价问卷。

第二，文献研究法。对到目前为止与保障性住房户型领域及其所涉及的其他相关领域中的文献、图档、资料进行分析与整理，掌握该领域在学术界与社会上的研究现状，并以此为依据，对与研究有关的文献及保障性住房户型设计图纸进行分类统计和总结。

第三，现场调研法。对广州和深圳地区已建成的保障性住房项目进行实地走访调查，为研究获得第一手资料，包括拍照记录、观察住户生活行为习惯，了解岭南地区保障性住房的基本空间结构、设计模式，并评估样本深入调研的可行性，为确立最终调研样本打下基础。

第四，模糊层次分析法。模糊层次分析法理论为综合评价问题提供了新的方法。根据模糊层次分析法理论建立的数学评价模型，可以使定性的评价指标定量化，定量的模糊评价指标向精确性靠近，使评价方法更具科学性、可操作性和实用性。

第五，认知地图、照片评价、半结构问卷及开放式问题等可意象性研究方法。在可意象性研究方面，本书拟运用认知地图、照片评价、半结构问卷及开放性问题等手段，力求以丰富的、多角度的创新方式来研究住户的主观意象。

第六，计算机仿真模拟研究法。利用计算机模拟软件对已建成或未建成的方案做仿真分析，具有投入小、信度高、理论性强等特点。Ecotect、PHOENICS 和 Depthmap 等软件凭借本身所具有的强大功能（包括建模、分析预测、数据输出）及其良好的运算模式，得到了国外专业评估组织的认可，被广泛运用到建筑设计与研究中。

第七，行为轨迹评价法。认知地图来自使用者的反复体验与积累，远比单纯的直觉和认知丰富，是多维环境信息的综合再现。"认知地图"这一术语来自格式塔心理学家爱德华·托尔曼（Edward Tolman）的创造，主要是让使用者绘制研究对象的建成环境草图，并标出建筑中的要素。

第八，准实验研究法。该方法是借鉴心理学研究方法中的准实验研究法，认为心理量和物理量有对应关系，以图片为媒介来研究环境刺激物与使用者主观感受之间的联系，本书主要用于判断使用者对空间的使用倾向和喜爱倾向。

1.4.2 技术路线

本书计划对具有代表性的研究对象做出全方位、多手段的研究，研究过程力求规范化和标准化，研究手段力求多元化，坚持定量与定性、主观与客观相结合的综合化技术路线，具体如下：

第一，在一般研究方法的选择上，兼顾定量观察方法，以及数理逻辑分析、统计分析、归纳演绎等科学研究的基本方法及逻辑推理和"人文"方法中的定性分析方法。

第二，在资料收集方式的选择上，以实证研究为基础，通过大量的第一手现场调查工作，对具有代表性的研究对象进行全方位、多手段的研究。既有适用于定量分析的半结构问卷、访谈、观察方法，也有适用于可意象性研究的无结构访谈和观察方法。

第三，在相对舒适性的把握上，紧扣保障性意图，针对住户主观需求进行深入调研，结合马斯洛需求层次理论及专家评价对相对舒适性因子进行筛选优化。通过由外到内、由主到客分层平衡舒适尺度，最终得出科学的、逻辑性强的结果。在舒适性评价技术选择上，结合相关研究成果，本书拟采用模糊综合评价技术，通过对保障性住房住户的相对舒适性评价进行研究，获得具有岭南地域特点的保障性住房相对舒适性评价因子模型，并确定各因子的权重，通过模糊综合评价对调研项目进行打分，确定评语。

第四，在可意象性评价技术的选择上，本书拟采用认知地图、半结构问卷、开放式问题、心理物理评价等手段，获取住户意象感受评价。然后，主要通过独立样本分析及横向比较分析来研究数据。

第五，在住房户型空间使用方式的评价上，选用数理统计分析、归纳演绎法、定性与定量相结合的观察法、逻辑推理及"人文"方法中的定性分析法等一般方法。资料收集则主要以实地调研为基础，通过大量第一手的现场调研与分析来对具有代表性的研究对象做出全方位、多角度、深层次的解析，选择可用于定量分析的半结构问卷与访谈，以及人文类评价方法中的开放式访谈和观察方法。运用建成环境评价技术实现环境心理评价研究。结合相关研究成果和研究对象的特性，本书选取建成环境评价技术，通过对保障性住房户型的使用方式评价和主观使用倾向评价，判断保障性住房居住者在户型中的居住方式，为后续的户型设计提供量化的数据参考。

1.4.3 全书框架

全书框架如图 1-6 所示。

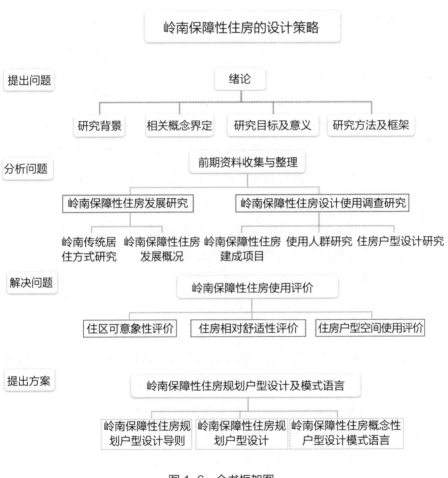

图 1-6　全书框架图

2 岭南保障性住房发展研究

2.1 岭南传统居住方式研究

岭南传统居住方式是由气候适应性策略和居住文化两方面相互影响、相互作用而形成的,二者缺一不可。在现代化的住区中,这类传统文化中的邻里交往、低成本的空间使用方式、融洽的邻里关系和环境氛围开始减弱,甚至消失。同时,现代住区也开始大力推行高成本、高科技、高使用要求的绿色节能手段,如光伏电板、太阳能热水器、双层 LOW-E 中空玻璃等。但是作为政府保障对象的城市低收入人群,其本身相对于一般人群来说,有着生活成本低、信息获取途径少、可社交时间多的特点,因此其更加重要的需求是通过邻里交往获取有价值信息,并降低生活成本。

2.1.1 岭南传统居住方式中的居住文化与行为方式总结

岭南地区由于地理位置和语言文化的不同,大体分为"珠三角地区、潮汕和沿海地区、兴梅客家地区、粤北地区四大块片区"[45]。其各片区由于地域分布、气候特点、语言文化等因素的不同,又存在一定程度的居住文化和行为方式差异。通过文献阅读与整理,我们发现岭南传统居住方式中具有共性的居住文化与行为方式主要有以下三个特征:

第一,空间的层级化、生活化、复合化特点[46]。居住文化与行为方式都离不开居住空间这一物质载体。一般来说,传统居住空间体现为"街区(街坊)—街巷(青云巷/冷巷)—院落(天井)—住宅(卧室)"四个层次,从私密性角度可以将其划分成城市公共空间(社会活动)、区域公共空间(邻里活动)、住宅半私密空间(家庭活动)、住宅私密空间(个人活动),即传统居住空间是遵循私密性递增原则的,在不同私密层级的空间中进行不同类型的活动。

传统居住空间生活化的特点是组织方式以伦理秩序、道器观念为主要原则，现代保障性住房户型设计则更多地应该回到满足生活化的本源需求上，以居住方式为主要空间组织方式。

传统居住空间复合化的特点更多地体现在其活动类型较为即兴，如即兴的餐饮、待客、小憩等，因此体现出交通空间与即兴功能所需空间的复合，起居室与客厅空间的复合，餐厨、卫浴等辅助空间一体化，等等[46]。

第二，合院式的居住模式与邻里模式。从丹麦城市设计师扬·盖尔所提出的三种活动类型的特质[23]分析，我们可以看出，自发性活动发生的前提是当前的空间应具有环境舒适的特性。回顾岭南传统民居的空间布局，由于受到亚热带湿热气候的影响，居民更喜爱在阴凉、通风且光线充足的环境中活动。因此，骑楼空间、窄巷容易成为居民活动的载体，而围合式布局的合院空间则更是大院居民每天自然集散的空间，并且围合式布局更符合格式塔心理学所提出的完形原则，尺度宜人的巷道、封闭性较强的院落更能给住户传递明确的领域感和归属感。

第三，领域感与归属感的心理需求。岭南传统民居的空间在过渡空间的位置会设置明确的心理暗示。例如，通过设置牌坊、高差变化、空间转折、光线的变化等具体处理手法来完成传统民居"内"与"外"的过渡。这样的处理也使得传统民居具有了一定的领域感和归属感，从而使得居民会产生从大到小认同感逐渐增强的过渡关系，这种设计细节所传递的居民归属感就是社区内聚力产生的源泉[47]。

2.1.2 应对岭南湿热气候的被动式节能手段总结

2.1.2.1 岭南气候特点

岭南地区大部分城市均属于亚热带气候，沿海地区的雷州半岛一带、海南岛、南海诸岛屿属于热带海洋性气候[45]。由于本书的研究对象为保障性住房，根据其建设量在岭南地区分布的不同，我们将以建设量最大的"珠三角"地区的亚热带气候特征作为岭南保障住房的主要气候特征进行分析研究。

亚热带气候特征主要有"太阳辐射强度大、气温高（最热月平均气温为 28 ～ 29℃，最冷月平均气温为 14 ～ 17℃）、潮湿（最热月平均空气湿度为 75% ～ 84%，最冷月平均空气湿度为 70% ～ 85%）、雨量充沛（年平均降水量为 1 500 ～ 2 200 mm）、台风影响较大等"[48]。因此，保障性住房在户型设计层面应重点考虑建筑的遮阳、通风、隔热、防雨、防风等。

2.1.2.2 岭南传统居住方式中被动式节能策略

岭南传统居住方式是岭南地区的居民根据长时间对抗自然气候的实践经验总结出的与气候、地貌、资源相适应的环境策略。因此，岭南传统居住方式中的这些节能策略具有直接借鉴与移植的价值。

由于本书的研究对象所处区域气候特点为炎热、多雨、潮湿的亚热带气候，因此针对岭南传统居住方式中节能策略的研究重点为通风、隔热、遮阳、避雨等策略在岭南保障性住房中移植的可行性。

（一）岭南地区传统民居的典型形式

（1）"三间两廊"民居。"三间两廊"民居是广府地区最典型的民居形态，是"由三开间的主座建筑与前带两廊和天井组成的三合院"（图 2-1）[49]。

（2）竹筒屋。岭南部分地区具有人口密度大、城镇建筑物密集等特点，因此出现了面宽窄（通常为 3.0 ～ 4.5 m）而进深大的"竹筒屋"形式（图 2-2）。其内部空间从前向后依次排列，形如"竹节"，因此得名"竹筒屋"。当

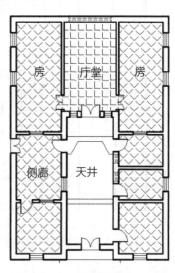

图 2-1　"三间两廊"典型平面图

竹筒屋单开间难以满足使用需求时，则横向再建一个开间，并于天井中设门连通二者，同时封堵原有开间的大门，形成明字屋的建筑布局（图2-3）。

（3）骑楼建筑。骑楼本身是竹筒屋的一种特殊形式，基本形制是首层作为沿街商铺，二层作为住宅使用。二层的住宅部分跨越人行道上部，形成骑楼，从而为路人遮阳、避雨，防止阳光直射商店。骑楼是竹筒屋的诸多变体中最为经济、实用、科学、合理的一种建筑类型。

（4）西关大屋。清末民初时，广府地区的富商巨贾已经不再满足竹筒屋较为简陋的平面形式，因而"三间两廊"模式被逐渐引入广州，在西关一带进一步发展成大型天井院落式民居，即西关大屋（图2-4）。

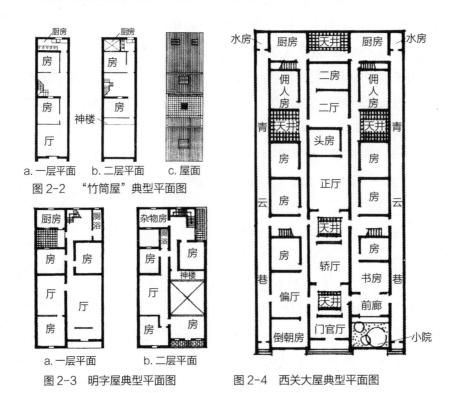

图2-2 "竹筒屋"典型平面图

图2-3 明字屋典型平面图

图2-4 西关大屋典型平面图

（5）外来文化影响产生的特例。由于岭南地区部分城市商业较为发达，在与西方进行贸易往来的同时，西方的思想也逐渐影响了本地建筑的风格，东山小洋楼、侨乡碉楼、沙面洋房等成为岭南传统民居的特殊形式。

（二）通风策略

一般通风的主要方式是利用热压或风压产生的空气压力差来形成空气对流。岭南传统居住方式中在户型设计层面就有着大量利用此原理的通风策略，较为常见的主要有以下三种：

（1）规划布局策略。由于需要产生热压力差或者风压力差，因此民居多采用梳式布局策略，利用村子前后的水塘、农田、树林等创造低温空间，从而与有人居住的民居高温区域产生热交换。

（2）平面布局策略。岭南民居的平面多以厅堂、天井、巷道（又叫冷巷）的组合来形成通风系统，其主要利用天井和冷巷面积小的特点形成阴影区，从而降低该区域的温度，形成热压，从而加强本身风压引起的空气对流。

（3）细部通风策略。岭南地区常用的细部通风策略有气窗、通风屋面、风兜、门窗和室内隔断通风、过白等较为简单但是十分有效的通风方式。

（三）遮阳与隔热策略

由于岭南地区日照强烈且气候炎热，因此建筑遮阳是需要重点考虑的问题。目前岭南传统民居中常用的遮阳与隔热策略有以下三种：

（1）规划布局策略。通过密集式布局产生建筑阴影，减少墙面和地面的吸热量；建筑朝向的控制；建筑结合水面进行降温。

（2）平面布局策略。平面布局多在需要遮阳的朝向设计骑楼，或者利用屋檐、柱廊及在二层设计阳台的方式进行遮阳处理。

（3）细部处理策略。门窗的遮阳处理多用"砖挑人字檐、波纹檐、折线檐、叠涩出檐"等手段，利用出檐进行遮阳处理，利用花墙进行遮阳等。在隔热方面，多采用双层瓦屋面隔热、外墙隔热等方式；另外，材料也是隔热的，如庭院、天井多采用麻石或其他石材。

2.1.3 岭南传统居住方式在保障性住房户型层面的借鉴策略

住宅由传统的单层或多层民居形式发展到如今的 50 m（18 层左右）、100 m（32 层左右），甚至更高的超高层住宅。虽然看似高层住宅和多层民居毫无共通之处，但是我们认为其作为"人"这一特定对象的居住空间，无论是物理环境还是心理环境的需求都有基本属性上的相似性。因此，我们认为大部分被忽视的传统居住方式均有被移植到现代高层住宅的可能性，只是需要探讨策略的具体实现方式与方法。

本书对岭南传统居住方式进行文献梳理研究，认为岭南传统居住方式中可以移植到岭南保障性住房的设计策略主要有以下五种：

（1）密集式的布局方式。由于目前保障性住房属于高层住宅，因此不可能采用与传统建筑一样的密集式紧凑布局，但是可以考虑将其借鉴到高层住宅每栋楼内套型与套型之间的距离，可以采用密集、紧凑的布局来提升单体的遮阳效果。

（2）飘蓬构件遮阳。可以通过阳台板及凸窗上下板的悬挑来达到飘蓬构件遮阳的效果，既符合现代功能需求，又能提升遮阳效果，还能在一定程度上缓解飘雨现象。

（3）"冷巷"移植。由于冷巷强调南北向和有阴影区，在高层建筑这种高密度、高容积率的建筑形态中，很容易就能想到利用户型外立面的不规则性而形成天然的凹槽，从而产生阴影区，形成"垂直冷巷风道"，并且这种方式也已经在广州芳和花园有所尝试 [50]，其住户也普遍反映户型通风效果比较好。同时，我们还可以考虑将户型设计成南北向展开的布局方式，产生一条纵向的内走廊，达到冷巷通风的效果。

（4）天井与院落式布局方式。天井及院落式布局是传统居住方式中的重要特征，这种布局方式不仅能够产生一个促进邻里交往的公共空间，同时能够移植到高层，其本身特有的拔风效应还将得到加强，更有助于户型的通风。

（5）细部设计。岭南传统建筑有着烦琐的细部装饰，以及复杂的建造工艺及原生态的材料。笔者所说的细部设计是指对一些细部构件（如凹门、高窗、趟栊门等）原理的解析，并用新技术、新材料在岭南保障房中进行移植与应用。

2.2 岭南保障性住房发展概况

2.2.1 国外"保障性住房"户型发展综述

由于"保障性住房"是我国提出的特定名称，国外并没有这种叫法，因此本节所研究的国外保障性住房是根据政策性住房这一保障性住房的根本特性来判定的，主要是指国外由政府为低收入人群提供的政策性住房。针对保障性住房，世界各国有公共住宅（美国）、组屋（新加坡）、公营住宅（日本）等不同的类型。

政策性住房与住房保障制度是紧密相关的，欧洲部分发达国家公共住宅的比例较高，亚洲地区则大多是通过政府的指导和调控来解决低收入人群的居住问题[6]。由于各国地域特征、历史发展、政策的差异性，以及人口数量及保障对象特征的变化趋势不同，保障性住房户型的发展轨迹也略有不同（表2-1）。

住房政策研究的学者丹尼逊（Denison）分析公共住房保障中的政府责任问题，将各国住房保障政策划分为"雏生型、社会型、责任型"三种[51]。20世纪90年代，学者巴赫维尔（Boelhouwer）和范德海登（van der Heijden）认为住房政策发展一般要经历四个阶段，即"战后短时间解决大量住房的第一阶段；住房政策从注重数量转向质量的第二阶段；经济增长导致政府开支负担严重，从而变更补贴形式的第三阶段；产生新问题导致住房短缺问题重新出现的第四阶段"[52]。各国保障性住房户型设计发展与政策导向也是紧密相连的，我国相对发展时间较短，仍有诸多不成熟之处，因此世界其他国家和地区的政策极具借鉴和学习的价值。

2.2.2 国外保障性住房先进案例户型设计发展轨迹梳理

住房问题在各个国家和地区都是普遍存在的，特别在高人口密度的城市，问题尤为严重，因此在针对目前岭南地区人口密度高的城市进行研究时，主要选取人口密度高的城市进行类比，从而获得相似条件下的户型类比，排除部分发达国家和地区所采用的别墅、大面积户型等非紧凑型的政策性住房户型，从保障性住房这一特点出发，考虑住房问题严重、用地紧张、居住习俗相近等因素，因此选取日本、新加坡与岭南地区进行户型发展轨迹的类比，具有一定的典型性。

2.2.2.1 日本

日本的"保障性住房"同样从"二战"后住房紧缺时期开始，数十年的发展使得日本的住房政策、设计方法、环境规划等都对我国保障性住房有一定的借鉴意义（表2-1）。

表2-1 日本政策性住房户型发展梳理

年份/年	户型类型	住房面积	户型及设施特点	历史及政策背景	典型案例	典型平面图
1948	48型	—	玄关不再对着厕所；厨房朝南有直接采光，并与阳台连通	"二战"后初期日本住宅政策开始逐步确立与发展；1948年成立了建设省	高轮公寓	
	49型	—		1950年，日本国会制定了《住房金融公库法》，并依据该法律由建设省设立"住宅金融公库"（以下简称"公库"）		

续表

年份 / 年	户型类型	住房面积	户型及设施特点	历史及政策背景	典型案例	典型平面图
1951 — 1955	51C 型	12 坪	提出的"食寝分离"理论;"食寝分离"和"就寝分离"逐步成为日本公共住宅设计的基本原理,并依据此原理产生"DK 型",推动居民的生活方式往合理化方向发展	1951 年,政府颁布《公营住宅法》,并开始兴建与供给大量面向低收入家庭的公营住宅 / 1955 年,政府推出了《日本住宅公团法》,成立了日本住宅公团,整合社会资本	吉武泰水工作室的作品	
1957	公团住宅"57型"	13 坪	"57 型"在户型设计层面的重大突破是增设了餐桌椅,积极推进使用餐桌椅进食的新生活方式	—	—	
1963	63 型	—	开始出现设立起居室(L)空间的意识;"nLKD"居住模式开始确立	1963 年,首次确定了全国统一标准设计,也就是 63 型	—	
1967	67 型	—	起居室作为家庭成员的公共活动区域已经开始独立设置,与卧室进行分离	1967 年,"LDK"的居住模式正式确立	—	
1976	—	—	接地型集合住宅	1968 年,日本住宅建设总量过大,产生了住宅空置的问题。 / 1973 年,日本住宅建设已经达到"一户一住宅"的标准	水户六号池住宅区	

续表

年份/年	户型类型	住房面积	户型及设施特点	历史及政策背景	典型案例	典型平面图
1993	—	—	通过在公共空间设置底层生态花园和屋顶绿化，在各层入户空间进行绿化处理，以及设计庭院的绿化，构建一个层次丰富的立体化绿化环境系统	1981年，"日本住宅公团"与"日本住宅用地开发公团"进行了合并，并改名为"住宅·都市整备公团"（"住都公团"）；1999年又进行了重组并更名为"都市基盘整备公团"	next21实验集合住宅	—
2003	脱"nLDK"集合住宅设计	—	集合住宅设计模式开始逐步脱离"nLDK"的固定思维，开始向多样化的新型居住模式发展	2004年，为解决城市郊区化造成的市中心衰退问题，"都市基盘整备公团"和"地域振兴整备公团"合并重组成"都市再生机构"	—	

　　从日本的公营住宅户型的发展来看，日本同样也是经历了"公营住宅的诞生、战后的高速发展、对过去的反思与进化、个体建筑师的多样化探索"四个阶段。岭南保障性住房目前也基本接近日本"户型布局趋于稳定，正在进行反思"的阶段，但还不像日本已经开始多样化的发展。对于岭南保障性住房的户型设计有借鉴意义的设计特征主要有以下四点：①地域性的集合住宅更符合住户的需求。②日本根据居住的方式所提炼的"食寝分离""就寝分离"等更符合居住特点的功能分区方式，非常有参考意义。岭南保障性住房的户型设计也可根据紧凑居住的特点，做出适当功能分离的调整。③住户参与的户型设计对于购房群体而言，确实能够充分满足他们的个性化需求。然而，在我国目前以租房为主的政策背景下，这一做法仍存在一定的局限性。为了解决这个问题，可以在保障性住房中增加部分灵活区域，使住户能够根据自己的特点和需求进行调整。④设计标准的不

断更新是标准化设计保持生命力的重要方式，目前岭南地区（如广州、深圳）的标准化户型虽然很多是根据实际工程项目相对成熟的户型发展而来的，但是其实践数量仍然相对较少，需要反复实践才能进一步优化完善。⑤日本建筑师对于住宅的探索要比中国多很多，一方面是国情不同，另一方面则是价值观的不同。例如，土楼公社就是对廉租房的一次比较成功的探索，虽然设计师刘晓都在 2013 年深圳市民文化大讲堂上提到，目前存在一定程度的使用人群不完全符合低收入群体标准的现象，但是笔者认为其良好的交往效果依然值得设计师参考，因此应该让更多的设计师加入进来，进行设计尝试，而不是仅仅停留在纸上谈兵的设计竞赛阶段。

2.2.2.2 新加坡

新加坡地少人多，住房问题也十分严重。其负责组屋建造的政府部门——建屋发展局（HDB）从 1960 年发展至今，其"居者有其屋"计划让全国 80% 的人口住进了组屋。公共组屋套型类型主要包括一室组屋（厅+房户型）、二室组屋（一房一厅）、三室组屋（两房一厅）、四室组屋（三房一厅）、五室组屋（四房一厅）、行政公寓、工作室公寓和中等入息公寓（HUDC）组屋等八种类型，因此通过对新加坡组屋户型的图纸和文献进行收集和整理（表 2-2），分析其户型产生的原因和特点，为梳理其发展轨迹打下基础。

表 2-2 新加坡政策性住房户型发展梳理

年份/年	户型类型	住房面积/m²	户型及设施特点	历史与政策背景	案例	典型平面图
1930—1959	—	—	SIT 主要提供 2 房和 3 房的户型，同时也提供少量的 4 房户型，目前没有证据证明当时提供了 1 房户型	SIT 仅仅建设了 23 000 套公寓和联排住宅，为新加坡人口（1959 年）的 8.8% 提供了住房保障	SIT houses	
1960—1969	1Room	23～33	以 2 房、3 房户型为主，提供少量 4 房户型及应急型 1 房和 2 房户型在 SIT 户型的基础上优化卫浴设施	1960 年 2 月，新加坡建立 HDB；河水山大火造成许多灾民流离失所	Queenstown	
	2Room	35～45				
	3Room	50～70				
	4Room	70～85				
1970—1979	3Room	67	面积为 60～75 m²，厨房面积增加，设置 2 个卫生间，且均配备卫浴设施，一个为主卧专用，并且户型中增加储藏室	HDB 计划建设新城圈环绕城市中央水系统；HDB 同时也在建设乡村中心，为农民提供住所；推出新一代组屋户型	Marine Parade	
	3½ Room	82				
	4Room	92				
	5Room	117～121				
1980—1989	3Room	64～75	受到预制件技术的限制，房屋平面较为简单且造型不够美观；将原有的杂物间替换成推拉门的书房；考虑多代人居住的模式	开始采用预制构件进行房屋建造，因此组屋数量达到一个高速增长期；开始提供租住的供应模式	Hougang Central	
	4Room	84～105				
	5Room	135				
	公寓	139				

续表

年份/年	户型类型	住房面积/m²	户型及设施特点	历史与政策背景	案例	典型平面图
1990—1999	4Room	100～108	墙厚增加到300 mm或者更厚；厨房增设垃圾道，并且增加了电梯	修复老旧组屋的设施；1995年提出"共有产权"概念；组屋价格由建设成本决定改为由市场决定	Bukit Panjang	
	5Room	133～137				
	5Room Improved	120～128				
	公寓	142～150				
2000—2009	3Room	65	平均面积从2000—2005年的105 m²减少到85 m²；再次引入3房户型；取消大型公寓	房屋空置率增加，约4万套组屋空置，且大部分为大户型；开始采用预定模式来建造组屋	The Pinna-cle@Duxton	
	4Room	90				
	5Room	114				
	公寓	128				
2010—2019	3Room	65	户型平面更加紧凑	由于符合新加坡住房保障条件的人不愿意花时间等BTO模式的组屋，因此转向二手市场	Sky Terrace @Dawson	
	4Room	90				

注：BTO全称为build to order，即预购组屋制度。

新加坡组屋的演变主要经过的五个阶段，分别是"①快速发展，缓解房荒；②系统发展，大量建设；③改革发展，提升品质；④个性发展，翻新改造；⑤科学发展，重塑魅力"[54]。根据我国保障性住房户型的发展特点及趋势，大致和新加坡20世纪80年代初相似。因此，通过对新加坡户型发展的梳理，发现新加坡的户型设计有以下四点是值得我们参考和借鉴的：①由于新加坡人较少下厨，所以新加坡组屋的厨房面积较小且常将卫生间嵌套来降低卫生间对其他房间的干扰；②阳台以景观面为主要影响因素；③建筑本身的多样化发展，在一个邻里单元中不同建筑通过造型和特色来增加每栋楼的可识别度；④更关注公共空间的精细化、人性化，以及邻里交往的特质，十分值得学习。

2.2.3 岭南保障性住房户型与国外的类比及发展轨迹定位

通过与相邻高人口密度国家和地区的政策性住房户型发展轨迹进行对比研究，可以发现一般的政策性住房都会经历"房荒—保障数量—保障质量—多样化发展"这样四个阶段（图2-5）。

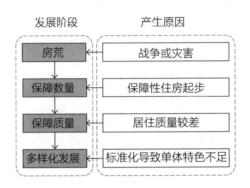

发展阶段　　　产生原因

房荒　←　战争或灾害

保障数量　←　保障性住房起步

保障质量　←　居住质量较差

多样化发展　←　标准化导致单体特色不足

图 2-5　户型发展一般阶段示意图

通过保障性住房户型的特点与发展的对比，我们认为目前岭南保障性住房户型呈现出户型功能布局趋于稳定、工业化建造起步、针对保障性住房户型居住质量要求越来越高等特点，相当于国外20世纪80年代左右的发展水平，并且正高速追赶上来。因此，可以参考其他国家和地区20世纪90年代以后的户型发展历程，分析其优缺点，从而获得对岭南保障性住房的户型设计有一定参考价值的设计策略。

参照其他国家和地区的户型发展轨迹与特征，我们认为岭南保障性住房甚至是我国保障性住房的户型发展，随着经济水平及物质文化需求的提高，也会出现与其他国家相似的特点。例如：①人均居住面积逐步提升；②工业化与产业化的设计模式逐渐成熟；③对公共活动空间的逐步重视；④对居住舒适度的重视程度逐渐提高；⑤对老年人和特殊人群的关注度逐步提升；⑥建筑构件的精细化设计程度逐步提升；⑦户内自主分隔灵活性增加；⑧个体建筑师对保障性住房设计的探索开始增多，从而促进保障性住房多样化发展。

笔者在实地调研的基础上，通过对文献资料、档案、设计单位提供的设计图纸、公示的图档的收集与整理，共获得广州 23 个已建成或在建的保障性住房小区 25 种典型标准层户型图纸，深圳 14 个已建成或在建的保障性住房小区 17 种典型标准层户型图纸，珠海 1 个已建成保障性住房小区 3 种典型户型图纸，海南 1 个已建成保障性住房区 3 种套型平面图。

2.2.4 岭南地区保障性住房户型设计的走向与特色

2.2.4.1 面积特点

保障性住房与普通商品房最根本的区别就在于保障性住房具有"政策性住房"的属性，因此政府对保障性住房的户型面积有着比较严格的限制。国务院 2007 年颁布的《国务院关于解决城市低收入家庭住房困难的若干意见》（国发〔2007〕24 号）及建设部等七部门联合发布的《经济适用住房管理办法》规定："经济适用房的单套建筑面积应控制在 60 m² 左右"；2009 年 5 月，住房和城乡建设部、发展改革委、财政部联合发布的《2009—2011 年廉租住房保障规划》规定，廉租房面积标准为人均住房建筑面积 13 m² 左右，套型建筑面积在 50 m² 以内；2010 年，住建部等七个部门联合颁布的《关于加快发展公共租赁住房的指导意见》（建保〔2010〕87 号）规定，公共租赁住房单套建筑面积在 60 m² 以下；2011 年 9 月 20 日，国务院常务会议要求，公租房建筑面积以 40 m² 左右的小户型为主。

根据我国已经颁布的对经济适用房、廉租房、公租房的政策规定可以看出，目前我国主导的保障性住房面积标准均控制在建筑面积 60 m² 以下（人均使用面积约为 10 m²），处于保障基本居住功能的阶段。通过对岭南地区各地保障性住房面积标准的整理可以发现，目前的岭南保障性住房建设标准仅在深圳地区对国家规定的 60 m² 有一定程度的宽限，如深圳特有的保障性住房类型——"安居型商品房"和"面向人才的公共租赁住房"最大可以做到 88 m²，大部分地区均是按照国家规定的面积标准执行的（表2-3）。

表 2-3　保障性住房建设面积标准的规定

主体	经济适用房	廉租房	公租房	层高	实用率
国家	经济适用房单套建筑面积控制在 60 m² 左右	单套面积控制在 60 m² 左右	建筑面积以 40 m² 左右的小户型为主	—	—
广东省	经济适用住房套型建筑面积应当控制在 60 m² 左右	新建廉租房套型建筑面积必须控制在 50 m² 以内	成套建设的公共租赁住房，单套建筑面积要严格控制在 60 m² 以下	—	—
广州市	2013 年 5 月 1 日起暂停新增建设经济适用住房	廉租住房并入公共租赁住房管理，统一归类为公共租赁住房。单间宿舍：35 ～ 40 m²；一房一厅：40 ～ 45 m²；两房一厅：45 ～ 55 m²；三房一厅：55 ～ 60 m²		2.9 m	75% 以上
深圳市	A 类户型建筑面积为 35 m²；B 类户型建筑面积为 50 m²；C 类户型建筑面积为 65 m²；D 类户型建筑面积为 80 m²（各类户型建筑面积允许上下浮动 5% ～ 10%）			不应超过 2.8 m	不宜低于 70%
	面向低收入家庭的廉租住房和经济适用住房采用 A、B 类户型		安居型商品房和面向人才的公共租赁住房适用 A、B、C、D 类户型		
珠海市	单套建筑面积一般不超过 60 m²，以 40 m² 左右为主，适当发展建筑面积低于 30 m² 的小户型公租房			—	—
潮州市	新建公租房包括成套住宅和集体宿舍。成套公租房单套建筑面积以 40 m² 左右为主，户型包括单间、一居室和两居室			—	—

　　目前，对于保障性住房户型面积标准的规定，在广州和深圳地区已经有了三种类型保障性住房合并的趋势，并且我国目前也有三房并轨运行，以"共有产权房"模式试点运行的政策意图[55]。从使用者需求来看，廉租房、公租房的租期较长，与经济适用房在使用方式上相同，因此在本书的户型设计研究中将不过多强调经济适用房、廉租房、公租房的差异性。

　　针对目前掌握的岭南地区 103 个保障性住房户型图纸（其中公寓户型 10 个，一房一厅户型 16 个，两房一厅户型 52 个，三房两厅户型 25 个）进行数据统计可以得出，目前广州地区保障性住房户型平均建筑面积为 55.47 m²，深圳地区为 68.95 m²。深圳保障性住房由于政策的不同，人均居住面积会略高于国家标准，而广州绝大部分户型是严格按照国家规定的面积标准执行的，因此后文将主要以 60 m² 作为保障性住房户型的控制指标。

2.2.4.2 户型图纸分析

为了了解岭南地区保障性住房户型各个功能房间的常用尺寸，通过现场走访和收集到的保障性住房户型平面图及政府公示的标准户型平面图进行统计分析，共涉及广州、深圳、珠海、海南四座城市的103种套型平面。所获得的套型平面各房间尺寸均为轴线至轴线的尺寸，这可以大体反映出目前岭南保障性住房的设计现状及各功能房间目前的常用设计尺寸（表2-4），为后续的评价工作及最小使用尺寸的确定提供了有利的参考依据。

表2-4　入口过渡空间图纸统计数据

统计项目	尺度范围	数量	所占比例/%	统计项目	尺度范围	数量	所占比例/%
进深	1.5 m 以下	9	18	比例（进深：面宽）	1.0 以下	5	10
	1.5 ～ 1.8 m	21	42		1.0 ～ 1.5	32	64
	1.8 ～ 2.5 m	10	20		1.5 ～ 2.0	7	14
	2.5 m 以上	10	20		2.0 以上	6	12
面宽	1.2 m 以下	18	36	面积	2 m² 以下	15	30
	1.2 ～ 1.5 m	20	40		2 ～ 3 m²	22	44
	1.5 ～ 1.8 m	10	20		3 ～ 4 m²	7	14
	1.8 m 以上	2	4		4 m² 以上	6	12

目前，收集到的图纸中53例（约51.9%）户型没有设置入口过渡空间，而采用直接进入客厅或餐厅的方式来减少面积损耗。设置了入口过渡空间的户型多结合厨房、卫生间布置，尺寸大多集中在（1.5 ～ 1.8）m ×（1.2 ～ 1.5）m。

大部分保障性住房户型的客厅和餐厅均采用并置或"大 + 小"的方式布置，其整体尺寸根据目前图纸的统计情况来看（表2-5），大部分集中在（4.0 ～ 5.0）m ×（3.0 ～ 4.0）m。

表2-5 客厅+（餐厅）图纸统计数据

统计项目	尺度范围	数量	所占比例/%	统计项目	尺度范围	数量	所占比例/%
进深	3.0～4.0 m	19	18.45	比例 （进深：面宽）	1.0以下	3	2.91
	4.0～5.0 m	43	41.75		1.0～1.5	54	52.43
	5.0～6.0 m	25	24.27		1.5～2.0	42	40.78
	6.0 m以上	16	15.53		2.0以上	4	3.88
面宽	3.0 m以下	27	26.22	面积	10 m²以下	5	4.85
	3.0～4.0 m	71	68.93		10～20 m²	47	45.63
	4.0～5.0 m	4	3.88		20～30 m²	33	32.04
	5.0 m以上	1	0.97		30 m²以上	18	17.48

排除没有特别区分卧室和客厅的公寓户型，共有93例套型设置了主卧室（90.3%），如表2-6所示，尺寸多集中在（3.0～3.5）m×（2.75～3.00）m。

表2-6 主卧室图纸统计数据

统计项目	尺度范围	数量	所占比例/%	统计项目	尺度范围	数量	所占比例/%
进深	2.5～3.0 m	22	23.66	比例 （进深：面宽）	1.0以下	1	1.08
	3.0～3.5 m	45	48.39		1.0～1.2	59	63.44
	3.5～4.0 m	23	24.73		1.2～1.4	27	29.03
	4.0～4.5 m	3	3.22		1.4以上	6	6.45
面宽	2.50 m以下	13	13.98	面积	6 m²以下	1	1.08
	2.50～2.75 m	20	21.51		6～9 m²	35	37.63
	2.75～3.00 m	38	40.86		9～12 m²	50	53.76
	3.00 m以上	22	23.65		12 m²以上	7	7.53

排除没有次卧室的一房一厅及公寓户型，共有77例套型设置了次卧室（三房户型仅统计较大的次卧室），如表2-7所示，尺寸主要集中在（2.5～3.0）m×（2.3～2.7）m。

表 2-7　次卧室 1 图纸统计数据

统计项目	尺度范围	数量	所占比例 /%	统计项目	尺度范围	数量	所占比例 /%
进深	2.5 m 以下	18	23.38	比例（进深：面宽）	1.0 以下	1	1.30
	2.5 ～ 3.0 m	38	49.34		1.0 ～ 1.2	49	63.64
	3.5 ～ 4.0 m	20	25.98		1.2 ～ 1.4	23	29.87
	4.0 ～ 4.5 m	1	1.30		1.4 以上	4	5.19
面宽	2.3 m 以下	27	35.06	面积	6 m² 以下	19	24.68
	2.3 ～ 2.7 m	39	50.65		6 ～ 8 m²	38	49.34
	2.75 ～ 3.0 m	10	12.99		8 ～ 10 m²	19	24.68
	3.0 m 以上	1	1.30		10 m² 以上	1	1.30

共有 25 例（24.3%）三房一厅套型设置了第二间次卧室，如表 2-8 所示，其尺寸主要集中在（2.6 ～ 2.9）m ×（2.3 ～ 2.7）m，次卧室 2 相比次卧室 1 会稍小一些，面宽多集中在 2 900 mm 以下。

表 2-8　次卧室 2 图纸统计数据

统计项目	尺度范围	数量	所占比例 /%	统计项目	尺度范围	数量	所占比例 /%
进深	2.6 m 以下	7	28.00	比例（进深：面宽）	1.0 以下	0	0.00
	2.6 ～ 2.9 m	11	44.00		1.0 ～ 1.2	14	56.00
	2.9 ～ 3.2 m	0	0.00		1.2 ～ 1.4	6	24.00
	3.2 ～ 3.4 m	7	28.00		1.4 以上	5	20.00
面宽	2.3 m 以下	3	12.00	面积	6 m² 以下	13	52.00
	2.3 ～ 2.7 m	16	64.00		6 ～ 8 m²	4	16.00
	2.75 ～ 3.0 m	3	12.00		8 ～ 10 m²	5	20.00
	3.0 m 以上	3	12.00		10 m² 以上	3	12.00

厨房作为家庭生活必备的功能，按照其在设计师眼中的重要程度不同，设计尺寸也有所区分，如表 2-9 所示，目前图纸尺寸大多集中在（2.0 ～ 3.0）m ×（1.6 ～ 1.8）m。

表 2-9　厨房图纸统计数据

统计项目	尺度范围	数量	所占比例 /%	统计项目	尺度范围	数量	所占比例 /%
进深	2.0 m 以下	14	13.59	比例 （进深：面宽）	1.25 以下	30	29.13
	2.0～2.5 m	40	38.84		1.25～1.50	32	31.07
	2.5～3.0 m	39	37.86		1.50～1.75	20	19.42
	3.0 m 以上	10	9.71		1.75 以上	21	20.38
面宽	1.6 m 以下	21	20.39	面积	4 m² 以下	33	32.04
	1.6～1.8 m	58	56.31		4～5 m²	43	41.74
	1.8～2.0 m	16	15.53		5～6 m²	20	19.42
	2.0 m 以上	8	7.77		6 m² 以上	7	6.80

如表 2-10 所示，卫生间的尺寸大部分集中在（1.9～2.3）m×（1.5～1.7）m，由于洁具布置方式的不同，其房间比例存在一定的浮动，基本集中在 1.0～1.5。

表 2-10　卫生间图纸统计数据

统计项目	尺度范围	数量	所占比例 /%	统计项目	尺度范围	数量	所占比例 /%
进深	1.9 m 以下	32	31.07	比例 （进深：面宽）	1.25 以下	38	36.89
	1.9～2.3 m	41	39.81		1.25～1.50	37	35.92
	2.3～2.7 m	21	20.39		1.50～1.75	15	14.56
	2.7 m 以上	9	8.73		1.75 以上	13	12.63
面宽	1.3 m 以下	14	13.59	面积	3 m² 以下	37	35.92
	1.3～1.5 m	27	26.21		3～4 m²	48	46.60
	1.5～1.7 m	46	44.66		4～5 m²	13	12.63
	1.7 m 以上	16	15.54		5 m² 以上	5	4.85

生活阳台的一般功能是"满足家庭成员休息、眺望等休闲娱乐活动的需求"[56]，作为保障性住房紧凑居住条件下的阳台一般只会设置生活阳台且多与客厅或卧室相连，仅有 1 例户型没有设置生活阳台，如表 2-11 所示，其尺寸多集中在（3～4）m×（1.2～1.5）m。

表 2-11　生活阳台图纸统计数据

统计项目	尺度范围	数量	所占比例 /%	统计项目	尺度范围	数量	所占比例 /%
进深	2 m 以下	19	18.63	比例 （进深∶面宽）	1.5 以下	24	23.53
	2～3 m	33	32.35		1.5～2.0	19	18.63
	3～4 m	47	46.08		2.0～2.5	42	41.17
	4 m 以上	3	2.94		2.5 以上	17	16.67
面宽	1.2 m 以下	22	21.57	面积	1.6 m² 以下	22	21.57
	1.2～1.5 m	63	61.76		1.6～2.2 m²	35	34.31
	1.5～1.8 m	13	12.75		2.2～2.8 m²	39	38.24
	1.8 m 以上	4	3.92		2.8 m² 以上	6	5.88

保障性住房由于面积因素的影响，较少设置服务阳台，仅 21 例（20.4%）户型设置服务阳台。如表 2-12 所示，其尺寸范围多集中在（1.5～2.0）m×（0.9～1.2）m。

表 2-12　服务阳台图纸统计数据

统计项目	尺度范围	数量	所占比例 /%	统计项目	尺度范围	数量	所占比例 /%
进深	1.5 m 以下	4	19.05	比例 （进深∶面宽）	1.25 以下	9	42.86
	1.5～2.0 m	10	47.61		1.25～1.50	5	23.81
	2.0～2.5 m	4	19.05		1.50～1.75	5	23.81
	2.5 m 以上	3	14.29		1.75 以上	2	9.52
面宽	1.2 m 以下	8	38.09	面积	1.0 m² 以下	8	38.09
	1.2～1.4 m	4	19.05		1.0～1.5 m²	6	28.57
	1.4～1.6 m	5	23.81		1.5～2.0 m²	4	19.05
	1.6 m 以上	4	19.05		2.0 m² 以上	3	14.29

一般而言，出于私密性考虑，其卧室的开门不宜正对着客厅，一般采用走道等交通空间进行联系与空间过渡。针对保障性住房这样的紧凑型居住空间，有 78 例（75.7%）户型设置了过渡的交通空间（表 2-13），且交通空间尺寸范围多集中在（1.1～2.0）m×（1.1～1.3）m。

表 2-13　走廊等交通空间图纸统计数据

统计项目	尺度范围	数量	所占比例 /%	统计项目	尺度范围	数量	所占比例 /%
进深	2 m 以下	57	73.08	比例（进深：面宽）	1.0 以下	19	24.36
	2～3 m	15	19.23		1.0～1.50	26	33.33
	3～4 m	5	6.41		1.5～2.0	14	17.95
	4 m 以上	1	1.28		2.0 以上	19	24.36
面宽	1.1 m 以下	26	33.33	面积	2.0 m² 以下	47	60.26
	1.1～1.3 m	48	61.55		2.0～3.0 m²	16	20.51
	1.3～1.5 m	2	2.56		3.0～4.0 m²	11	14.10
	1.5 m 以上	2	2.56		4.0 m² 以上	4	5.13

2.2.4.3 标准层组合特点

笔者通过对目前掌握的 41 种典型户型标准层平面进行整理与分析可以发现，目前的保障性住房户型标准层组合具有以下特点：

（一）"梯户比"较大

"梯户比"就是"梯"与"户"的比值，简单来说就是户型设计中常说的"一梯 X 户"。保障性住房户型由于其本身户型面积小、户数需求量大的特征，其"梯户比"较一般商品房高是必然的。因为保障性住房套型面积较小，为了保障实用率，每一户所能分担的公摊面积就少了，所以大部分户型均通过增加"梯户比"来提高实用率[57]。

在目前收集到的 41 个已建成或在建的典型保障性住房户型平面中，以户数分类统计可以得到图 2-6 所示的结果，从这个"梯户比"就可以看出，广州更多采用的是高梯户比的户型组合方式，大部分户型集中在"一梯十六户"，而深圳则更多集中在"一梯六户"到"一梯八户"。

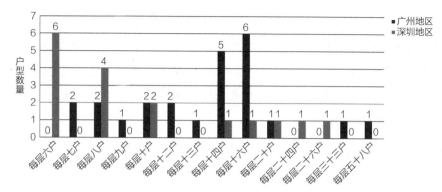

图 2-6 岭南保障性住房标准层户数统计图

（二）实用率控制严格

"实用率"是住宅的一个重要指标，是套内建筑面积与建筑面积的比值，与之容易混淆的是"使用率"这个概念，使用率则是以实际使用面积（不含墙体面积）与建筑面积的比值[58]。目前，普通商品住宅和我们所研究的保障性住房均以"实用率"这个指标作为一个重要的评判依据。在国家规定的每户面积不超过 60 m² 的要求下，实用率越高意味着公摊越小，即户内可使用面积越多。由于保障性住房单个套型面积小的原因，相比 90 m² 的户型在同样的户数条件下，实用率是会迅速降低的。

目前，针对"实用率"这一指标，广州和深圳的地方规范规定各有不同："广州要求实用率在 75% 以上，深圳则要求在 70% 以上。"由此可以看出，深圳地区在实用率方面给予设计师较多宽松的条件，有利于设计出更加舒适的户型。

（三）套型组合模式多样

中小套型户型按住栋类型分类，主要分为板式、塔式、连廊式、板塔式结合四种类型[59]。以平面形状来划分，保障性住房常用的塔式高层住宅多采用"T"字形、"十"字形、"Y"字形、蝶形、风车形、"V"字形、双"十"字形、"井"字形八种[2]。这八种类型大部分在目前收集的保障性住房图纸中均有所应用。

根据目前收集的 2007 年以后建成的保障性住房户型平面图纸的统计可以看出，广州地区保障性住房的套型组合模式多以"十"字形平面为主，更加注重保障套型数量问题，而深圳地区的保障性住房的套型组合模式多以外廊式及蝶形平面为主，更加注重保障户型的使用舒适度，保障各个套型的均好性（图 2-7）。

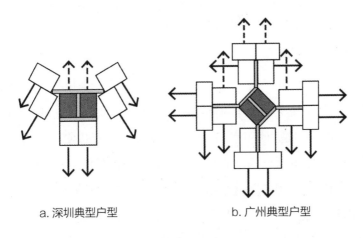

a. 深圳典型户型   b. 广州典型户型

图 2-7 典型户型平面图

笔者在观看《深圳市保障性住房标准化系列化设计研究》的过程中，也向其承办单位华阳国际设计集团的设计人员请教过。他们通过问卷调查及走访发现，深圳的使用者认为东西向比北向户型更容易接受，因此目前许多户型在设计时就尽量减少了北向户型，让每户都尽量能自然采光。

而广州保障性住房则更多学习香港地区发展积累了多年的"和谐型"公屋户型，希望通过学习这种比较成熟的体系来迅速达到"有效控制造价，增大住房套数，形成标准化的设计流程"的目标[60]。但是标准户型在 2013 年 9 月才于广州住房博览会中首次公示出来，仍然需要通过后续的使用后评价研究及时间的检验，才能逐步使其进一步优化，以满足使用需求。

2.2.4.4 发展趋势

我国目前保障性住房制度发展成熟较晚，针对户型的设计和研究的时间与周期较短，仍然处于学习的阶段。根据目前阶段的户型发展特点及政策导向可以看出，岭南保障性住房户型发展有以下五个趋势。

（一）保障性住房供应类型统一化的趋势

国家政策正在逐步往"三房并轨运行"的方向调整，以"共有产权房"的方式进行运营，未来的保障性住房将更加接近新加坡"组屋"的供应模式，以租为主，以售为辅。因此，将来的保障房户型设计会更多地从"租"这一特点出发，以更普遍的居住方式来满足大多数租户的使用需求。

（二）保障性住房的户型标准化设计趋势

我国人口基数大，对保障性住房的需求量巨大。通过对目前我国各地的户型设计研究发现，各地政府对于保障性住房的关注点更多集中在保障性住房的工业化建造上。例如，北京市、上海市、广州市、深圳市及安徽省等省市均向市民公布和展示了标准户型及设计指引，力求使得保障性住房的建造能更加高效、快速、经济，进而为住户提供更有质量保证的保障性住房。

（三）平面组合模式基本趋于稳定

根据目前掌握的保障性住房户型平面组合模式，我们发现广州和深圳的保障性住房户型组合模式已经基本稳定，广州地区更喜欢采用"十"字形和"T"字形等枝形空间户型组合方式，而深圳更喜欢蝶形、"V"字形、长外廊式的线形空间组合模式。

（四）强调户型细部的精细化与适老性设计的趋势

保障性住房户型为了能最大限度地提升空间使用效率，减少住户二次装修的成本，大部分均采用"拎包入住"的供给模式，因此设计师开始更多地关注空间细部的精细化设计。例如，周燕珉教授在住宅的精细化设计——老年人住宅中做了大量的观察及研究，为我们提供了很多很好的思路与参考。

（五）户型可变性与适应性应用仍处于概念阶段

王玮龙[61]在其硕士论文中提道："可变性设计是指通过外界手段使空间发生变化，以满足不同的使用需求。""适应性设计是指在保持空间基本格局不变的情况下，通过建筑空间和结构潜力，使同一空间能够适应使用者多种使用方式的需求变化。"因此，目前许多的保障性住房户型设计竞赛等对此均有所考虑。但是根据观察，目前大部分的保障性住房在这方面都还处在某两个户型可以打通使用或是借用相邻户型房间的概念设想阶段。但可能由于管理上的需求，暂未发现实际使用过程中因为使用需求不足而打通两户的案例。

2.2.5 岭南保障性住房户型设计存在的问题

2.2.5.1 存在问题

在进行实地走访的同时，通过对岭南保障性住房居民以访谈的方式进行半结构化问卷调查和文献研究，我们发现目前我国的保障性住房在户型设计层面主要存在以下四个方面的问题。

首先，政策及行业标准不清晰，产业化程度低。①国家规范未出台，各地规范要求不统一，设计标准亟待统一厘定；②仍然以实用率作为户型好坏的一个重要衡量标准；③户型内部空间可变性仍然停留在理论及设计概念层面，较少发现实践案例；④保障性住房建设产业化程度不够，但目前各地政府关注的重点已经转移到这个方面。

其次，户型空间设计精细化程度低。①厕所门对着房间门或客厅门，使用者认为存在视线干扰；②户型缺少入户过渡空间，住户认为私密性难以保障；③客厅开门过多，客厅空间难以利用；④设计的储物空间不足，影响使用。

再次，实用率和面积因素影响部分空间的使用。①次卧室尺寸不合理，净宽 1 900/1 950（mm）无法布置床，需要定做家具；②晾晒空间不足，由于阳台尺寸过小，住户需借用凸窗或加设晾衣竿进行晾晒；③设计时没有充分考虑电脑桌（书桌）摆放的空间，导致需要牺牲其他功能来弥补电脑桌所需空间；④由于空间较小，钢琴等特殊家具摆放比较困难；⑤厨房空间尺寸较小，使用不是很方便；⑥由于墙体较薄，隔音效果较差，容易产生房间与房间、户型与户型之间的噪声干扰；⑦公共走道难以进行多功能使用；⑧部分小区公共花池利用率不高；⑨由于部分小区利用外廊作为消防楼梯前室，因此户门均为乙级防火门且不便于加装防盗门，不利于户内通风；⑩部分房间尺寸设计缺乏灵活性，固定了家具的摆放位置。

最后，细部设备设施不便于使用。①凸窗外由于没有挑板或雨篷遮雨，下雨时需要关窗，影响室内使用及通风；②客厅空调机位设置在阳台，影响阳台的使用空间；③衣柜和书柜设计预留的空间较小，不能满足使用需求；④平开门对使用面积的消耗比较大。

2.2.5.2 原因分析

通过对住户的访谈和文献研究发现，目前产生保障性住房户型设计种种问题的主要原因如下：首先，与保障性住房相关的国家规范未出台，地方规范研究也并不十分成熟；其次，过分看重"实用率"这项指标，从而忽视了使用者的舒适性；再次，保障性住房户型精细化设计的程度不够，仍然需要通过使用后评价让建筑师更加了解使用者真实的喜好和需求；最后，部分建筑师为了面积的需要，牺牲了部分房间尺寸的合理性，直接影响使用者的使用灵活性。

2.2.6 岭南保障性住房类型化

目前已建成岭南保障性住房主要包括经济适用房、廉租房、公租房三大类型，细化到各个小区的户型平面又可以细分成蝶形、"十"字形、"T"字形、"井"字形等，落实到单个套型又分为一房一厅、两房一厅、三房一厅、单身公寓等，目前暂无统一的保障性住房分类方法，由于本书研究的是人与空间的关系，因此同样需要进行空间解析，以便提出有利于展开论述逻辑的空间类型化方式。

因此，本书将借鉴庄惟敏[62]教授在《建筑策划导论》一书中提出的空间构想方法（图 2-8），以"Activity 空间"（活动空间）、"Block 空间"（领域空间）、"Circulation 空间"（联系空间）对评价对象（户型标准层）进行空间类型划分。

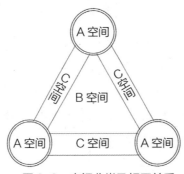

图 2-8　空间分类及相互关系

由于户型的本质是基本住宅单位，因此将单个的套型划分成活动空间（A 空间），联系各个套型的交通空间（如公共走廊及电梯候梯厅等）划分为 C 空间，其他空间（如公共楼梯间，电梯空间等使用频率较低的空间）划分为 B 空间。

2.2.6.1 住户一般行为模式

居住建筑的户型设计离不开居住行为，不同行为则对应不同空间的需求。一般来说，主要居住行为包括八大类 33 种行为[63]。根据行为的内容及需求层面的差异性，合并部分同类型和连贯活动。李敏[64]在《广州市50-70m² 保障房工业化套型模块设计策略研究》中将行为模式划分成了"基本行为、家务行为、文化行为、社会行为四大类"，根据本书研究内容的不同，对这四大类的行为模式进行适当的调整，从而更加完整地反映岭南保障性住房户型中的行为模式类型及其属性（表 2-14）。

表 2-14　居住行为模式表

行为类别	行为活动	行为内容	活动区域及流线		发生时段	私密性
			活动区域	活动流线		
基本行为	用餐	洗手	卫生间		用餐时段	中
		用餐	餐厅			
		洗碗	厨房			
	睡眠／休憩	洗漱	卫生间		晚上	高
		更衣	卧室（衣柜）			
		睡觉	床			
	便溺	便溺	卫生间		需要时	高
		盥洗				低
		擦手				低
	洗浴	拿衣服	衣柜		需要时	中
		脱衣	卫生间			高
		洗浴				高
		穿衣				高
	出入	更衣	玄关		需要时	低
		换鞋				
		出入				
家务行为	保育	换洗	卫生间		需要时	中
		睡觉	卧室			
		活动	卧室／客厅／阳台			
	烹饪	买菜	玄关		用餐时段前	中
		存放	冰箱			
		切菜	操作台			
		烹调	炉灶			
		上桌	餐厅			
	洗衣	取脏衣服	卫生间		早上	低
		洗涤	阳台			
		晾晒				
文化行为	学习	阅读	卧室／电脑桌		休息时间	高
		工作				
	娱乐	游戏	客厅／餐厅		休息时间	低
		锻炼	客厅／阳台		休息时间	中
		看电视	客厅		休息时间	中
		园艺	阳台／花池		休息时间	低
	信仰	拜神	神龛	一般位于入口或者阳台	早晚	低
社会行为	交往	会客	客厅		需要时	中
		聊天				

2.2.6.2 套型空间类型

一般而言，针对住宅套型的分类方式主要如下：①以卧室数量为单位进行划分，如一房一厅、两房一厅、三房一厅等；②以起居室、餐厅、厨房的关系为主要划分依据，如日本的"nLDK"模式可以根据具体情况划分成"LD+K"（用餐与起居结合型）、"L+DK"（用餐与厨房结合型）、"L+D+K"（各功能独立型）等不同方式[65]。本研究以人作为研究主体，保障性住房户型作为研究客体，因此将以使用人群的特点和行为需求作为主要分类依据，将套型分为"宿舍型、一房型、两房型、无障碍型"四类，以便于后续论述的展开。

2.2.6.3 户型标准层空间类型

从保障性住房户型标准层来看，A、B、C 三种空间类型的分类方式更符合本书的论述逻辑，根据对目前已掌握的保障性住房户型图纸进行分类整理，发现目前的保障性住房户型主要分为线形布局、枝形布局、环形布局三种 C 空间串联 A 空间的布局方式，其余户型均为这三种基本类型的变体（表2-15）。

表 2-15　保障性住房空间的类型化

户型类型	类型图解	类型变体示意	小区名称	户型典型平面	备注
线形布局			深圳梅山苑二期		
枝形布局			广州广氮花园		□A空间 ▨B空间 ■C空间
环形布局			广州东新高速保障性住房（在建）		

3 岭南保障性住房设计使用调查研究

3.1 岭南保障性住房建成项目

3.1.1 项目概况总结

本研究的研究客体是岭南地区的保障性住房，因此地理范围将界定在岭南地域范围内，以该地区建成、在建及待建的小区为样本总体。

岭南保障性住房从诞生到发展再到成熟，根据时间轴大概可以分为三个阶段[66]。

第一阶段（1986—1995 年），第一代保障性住房以解困房为主，一类是政府出资建设，主要解决单位体制下人均居住面积不满 2 m^2 的困难家庭的住房问题，另一类是鼓励单位建设，用以解决职工住房问题的福利房。这一段时间的建设量达到 90 万 m^2，基本解决单位体制下职工的居住问题，住房多以中、低层建筑为主。

第二阶段（1995—2003 年）为过渡期，政府仍然主要解决单位职工的住房问题，但部分中低收入家庭也成了保障对象。这一时期的住房仍以大规模的中低层住宅小区为主，如广州大塘聚德花苑、棠下棠德花苑、同德围泽德花苑等。

此外，2003—2006 年为住房保障的停滞阶段，商品房成为社会唯一的住房来源。

第三阶段（2007 年至今），随着《国务院关于解决城市低收入家庭住房困难的若干意见》（国发〔2007〕24 号）的颁布，住房保障进入了一个全新的阶段，国家针对中低收入的困难家庭提供了多层次的住房保障产品，"公租房—廉租房—经济适用房"的新一代保障性住房制度体系得以贯彻。

这时期的住宅以集中建设的高层小区为主，选址多为近郊区域，周边配套成熟度较低，芳和花园、广氮花园、龙归城均为第三代保障性住房的代表。第三代保障性住房用地范围相对紧张，为了解决更多人的居住问题，使容积率更大，大多是以近100米的高层电梯住宅为主要单体布置，小区的布局和管理与现代商品房小区类似。本研究的研究对象主要是岭南地区的第三代保障性住房。

3.1.2 图纸收集整理

笔者在进行保障性住房资料收集时从各市住房保障管理部门、相关项目设计单位及其他相关网站收集获得保障性住房的技术经济指标及相关图纸资料，以便进一步分析研究。对广州及深圳地区已建成的保障性住房项目的图纸进行收集、整理，归纳得到表3-1。

表3-1 已收集、整理的岭南地区保障性住房资料

城市	项目名称	总平面图（格式）	户型平面图（格式）
广州	白云区—惠泽雅轩（松洲项目）	有（CAD）	—
	白云区—金沙洲新社区	有（JPG）	—
	白云区—小坪村城中村改造项目	有（JPG）	有（JPG）
	白云区—新市机械厂保障性住房项目	有（JPG）	有（JPG）
	白云区—泽德花苑	有（CAD）	有（CAD）
	黄浦区—大田花园	有（JPG）	—
	番禺区—广汽生活区	有（PDF）	—
	海珠区—大塘新社区（聚德花苑）	有（CAD）	—
	海珠区—毛纺厂项目	有（CAD）	—
	海珠区—南洲路项目	有（CAD）	有（JPG）
	海珠区—万松园新社区	有（CAD）	有（JPG）
	海珠区—新村保障性住房项目	有（CAD）	—
	黄浦区—亨元花园	有（CAD）	有（JPG）
	黄浦区—苗和苑（庙头村）	有（CAD）	有（JPG）
	荔湾区—党恩新街新社区项目	有（CAD）	有（CAD）
	荔湾区—芳和花园	有（CAD）	有（CAD）
	天河区—安厦花园（珠吉路）	有（CAD）	有（JPG）

续表

城市	项目名称	总平面图（格式）	户型平面图（格式）
广州	天河区—广氮花园	有（CAD）	有（CAD）
	天河区—泰安花园	有（CAD）	—
	在建 - 白云区—嘉禾联边	有（JPG）	—
	在建 - 白云区—金沙洲 B3437 项目	有（JPG）	—
	在建 - 白云区—龙归城	有（CAD）	有（JPG）
	在建 - 白云区—南方钢厂项目	有（CAD）	—
	在建 - 白云区—人和项目	有（JPG）	有（JPG）
	在建 - 白云区—石丰路项目	有（CAD）	—
	在建 - 白云区—鸦岗保障性住房项目	有（JPG）	—
	在建 - 东新高速	有（CAD）	有（CAD）
	在建 - 黄浦区—榕悦花园	有（CAD）	—
	在建 - 黄浦区—瑞东花园（大沙东）	有（CAD）	有（JPG）
	在建 - 萝岗区—萝岗中心城区保障性住房项目	有（CAD）	—
	在建 - 天河区—菠萝山保障性住房项目	有（CAD）	有（JPG）
	在建 - 天河区—棠德花苑	有（CAD）	—
深圳	福田保税区	有（CAD）	—
	龙悦居	有（JPG）	有（JPG）
	梅山苑二期	有（JPG）	有（JPG）
	深康村	有（JPG）	有（JPG）
	深云村	有（CAD）	—
	松坪村	有（JPG）	有（JPG）
	桃源村	有（CAD）	有（JPG）
	茗语华苑	—	有（JPG）
东莞	雅园新村	有（JPG）	—
珠海	大镜山保障性住房项目	有（JPG）	有（JPG）

　　根据收集的保障性住房资料对保障性住房的特点进行分析归纳。

　　首先，在经济技术指标上，目前保障性住房的平均容积率在 3.0～4.5，建筑密度约为 30%，保障性住房的容积率和密度的主要区别体现在独栋布置的小规模项目和集中建设的大中型项目之间。由于小规模的独栋单体项目用地范围小，建筑红线与用地红线间的空间非常紧张，因此大多没有集中布置的花园绿化和休憩设施，场地内除去建筑用地基本为必要的缓冲空间和交通空间。而集中建设的大规模小区由于用地相对宽裕，容积率及密度相对较低，并且小区周边一般不具备休息活动资源，因此集中布置的园林景观和休憩设施是小区的重要组成部分，这类小区住户的户外活动比较频繁。

其次，在住宅层数及层高上，现阶段集中建设的保障性住房层数基本以 18～32 层的小高层或高层为主，也有部分地块由于经济指标和其他规定的限制采用了多层或局部多层的布置，如聚德花苑、金沙洲保障性住房项目等。近半数的项目住宅层高维持在 28～32 层，住宅层高均在2.8～3.0 m，目的也是通过牺牲层高来获得尽可能多的层数。

再次，在平面尺寸及组合方式上，由于保障性住房一般用地较为紧张，很少独栋布置塔式住宅，大部分都由多栋住宅联排拼接组成。其中，两两拼接的比例最多，占总比例的一半，三个单体拼接的也较为常见。由于居住面积及相关规范的严格限制，保障性住房的住宅单元平面相对统一，东西方向面宽以 34～37 m 为主，南北进深由于具体平面形态不同，差距较大，平均值为 30.2 m。

最后，在平面形态上岭南两大代表性城市——广州、深圳的区别较为明显，广州市基本为"中心对称、四翼凸出"的"十"字形平面及凹凸较小的方形平面（图 3-1）。"十"字形东西南北进深均较大，平均值为 37.5 m；方形南北进深较小，平均值为 29 m。深圳市保障性住房形式在"十"字形的基础上还出现了"南向凸出、北向偏转"，避免正北户型的蛙形平面和蝶形平面（图 3-2）。

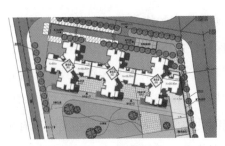

图 3-1 广氮花园的"十"字形平面及聚德花苑的方形平面

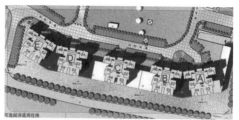

图 3-2　桃源村三期的蝶形平面和福田保税区 112 地块的蛙形平面

保障性住房根据研究侧重点的不同，可以进行不同的分类。

3.1.2.1 按建设规模进行分类

按计容面积可以分为 8 万 m² 以下的小型住区项目、8 万～30 万 m² 的中型住区项目、30 万 m² 以上的大型住区项目，以及 50 万 m² 以上的特大型住区项目，也可以按单地块及多地块进行分类。

3.1.2.2 按建筑的规划布局形式分类

（一）独栋布置（或 2～3 栋联排布置）

这种布局形式主要布置在城区内用地规模极其有限的地区，一般紧邻周边道路，被各种功能的用地围合，如小坪村城中村改造项目、新市机械厂保障性住房项目、新村保障性住房项目、毛纺厂项目等（图 3-3）。

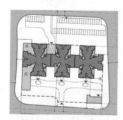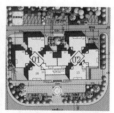

a. 小坪村城中村改造项目　b. 新市机械厂保障性住房项目　c. 新村保障性住房项目　　d. 毛纺厂项目

图 3-3　独栋和联排单栋的保障性住房住区典型案例

（二）多栋布置

根据栋数不同，可以形成不同的空间组合，常见的布局形式有行列式、围合式及混合式。行列式布局又有如福田保税区 110 项目、广氮花园、菠萝山保障性住房项目的平列式布局，以及错列布局的福田保税区112项目等（图3-4）。而围合式则分为如南岗项目、棠德花苑这类规模较小的半围合式项目及桃源村、泽德花苑规模较大的全围合式项目（图3-5）。混合布局则更灵活，同时拥有围合式及行列式布置的特点，如南方钢厂项目、芳和花园等（图3-6）。

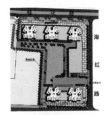   

a.福田保税区110项目　　b.广氮花园　　c.菠萝山保障性　　d.福田保税区112项目
　　　　　　　　　　　　　　　　　　住房项目

图3-4　行列式典型案例

a.南岗项目　　　b.棠德花苑　　　c.桃源村　　　d.泽德花苑

图3-5　围合式典型案

 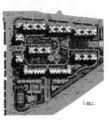  

a.南方钢厂项目　　b.芳和花园　　c.萝岗中心城项目　　d.安厦花园

图3-6　混合式布局典型案例

3.1.2.3 按项目区位的不同分类

（一）城区型

城区型布置在人口相对密集的中心城区，大规模建设出现在较早时期，而后期则以集中布置的少量高层为主，小区自身无须资源景观配套，基本都利用周边的配套设施。

（二）近郊型

在未开发地区集中建设大规模居住区，往往要建设配套服务设施，如小学、超市、商场等，以完善对小区的服务功能，如龙归城、大沙东保障性住房项目。

3.1.2.4 其他分类

如果研究不仅局限在建筑范畴或者针对个别特定要点，还可以按建设年代、住房类型、户型组合模式、配建模式等进行分类。

而本研究主要结合建设规模和布局形式，选取有独立共享居住公共空间并多栋布置的大中型居住区作为研究对象，典型的有芳和花园、广氮花园、泽德花苑二期等。

3.1.3 项目实地调研

对项目的实地调研主要以观察广州、深圳、东莞、珠海等地的三代保障性住房小区为主，通过非介入式的实地体验、行为观察、拍照分析及介入式的使用者访谈为主，目的是了解客体的被使用状态及主体的使用需求和倾向。调研主要分两个阶段进行：第一阶段（2013 年至 2014 年 9 月），对广州、深圳、东莞等 14 个已建成入住、5 个基本建成但未入住及 2 个在建保障性住房项目进行实地走访，对建筑外环境、单元空间做摄影记录，并从建设规模、布局模式、地域特点、人群特征等方面对调研对象进行初步分类，并总结出三代保障性住房的共同点——容积率高、建筑密度大、多为高层住宅、单梯户数多、多为两拼或三拼的形式、延长面宽展开等。第二阶段（2014年9月至12月），选取三个典型保障性住房住区进行深度调研，具体包括住户需求的访谈、舒适性因子重要性问卷调研、可意象性问卷调研，以使用后评价理论为指导，了解使用者对舒适性及意象的需求和倾向。

　　针对"第四章第一节住区可意象性评价"，先对广州地区的四个保障性住区及深圳市两个保障性住区进行先导性认知地图调研，分别为芳和花园、泽德花苑、亨元花园、广氮花园及深圳的深云村、松坪村。针对"第四章第二节住房相对舒适性评价"，笔者以2∶2∶1的比例向广州和深圳知名设计院且拥有保障性住房项目设计经验的专家、广州和深圳保障性住房住户、广东省内社会商品房业主发放网络问卷进行调查。针对"第四章第三节住房户型空间使用评价"，笔者通过对大量保障性住房小区的实地走访，最终选择了平面类型及地域各有不同的深圳松坪村三期、梅山苑二期、龙悦居三期，以及广州的芳和花园、广氮花园共计五个保障性住房小区作为主要研究对象。具体建成项目调研时间表如表3-2所示。

表3-2　岭南地区保障性住房建成项目调研时间表

广州地区调研的保障性住房项目		

金沙洲保障性住房调研（2013年9月）	安厦花园调研（2013年10月）	广氮花园调研（2013年10月）

芳和花园调研（2013年10月）	泽德花苑调研（2013年11月）	龙归城调研（2013年12月）

续表

广州地区调研的保障性住房项目

亨元花园调研（2014 年 5 月）　大沙东保障性住房调研（2014 年 7 月）毛纺厂项目调研（2014 年 8 月）

新村保障性住房项目（2014 年 8 月）棠德花苑项目（2014 年 8 月）萝岗项目（2014 年 8 月）

南岗保障性住房项目（2014 年 9 月）南方钢厂项目（2014 年 9 月）新市机械厂项目（2014 年 9 月）

深圳、东莞、珠海等地走访调研项目

深圳松坪村项目（2014 年 3 月）深圳桃源村项目（2014 年 3 月）深圳深云村项目（2014 年 3 月）

深圳桂花苑项目（2014 年 3 月）东莞雅园新村项目（2014 年 9 月）珠海大镜山项目（2014 年 10 月）

3.2 使用人群研究

保障性住房主观评价研究的主体是保障性住房的住户，从政府对低收入群体保障制度规范的制定情况到保障性住房设计专家的保障理念及设计考虑再到建设方最后的落实情况，都无法直接通过客观存在给予准确的评判。因此，只有落实到研究的主体（住宅使用者）身上，通过使用者使用后的感受反馈，才能对一个项目做出合理的评判。本书对研究主体的调研主要从以下三个方面入手。

首先，通过对权威网站机构的资料收集和学术论文资料的统计，了解保障性住房住户的收入水平、年龄组成、职业分布及家庭组织结构等，为用户需求的调研做好理论背景的准备。

其次，通过实地走访，观察住户的行为习惯和使用倾向，并横向比较不同类型项目、不同地域项目、同类型项目使用细节的区别，以及同一项目不同时间段的使用状况等，从而了解住户的需求倾向。

最后，通过与住户交谈，直接了解使用者的需求，以聊天的方式与住户互动，这样能获得直接、多样的住户意见。

3.2.1 家庭结构组成

广州市政府在第三代保障性住房建设前期（2007 年 12 月至 2008 年 2 月）对全市范围的城市低收入及住房困难家庭做了全面调查。结果显示，这些家庭的成员年龄以 30 岁以上为主。无固定职业者占了总数的 65.2%。由于生计压力，26.1% 的人选择了打散工，而待业人员达到了 22.6%。在教育程度方面，拥有高中以上学历的仅占 9.3%，绝大部分都是初中毕业就流入社会；此外，单亲家庭、残疾、重症、精神疾病、智障等特殊人群比例高也是其重要特点。

孙健[67]对深圳市的保障性住房使用人群信息做了研究统计，指出63%的使用者年龄集中在 20～40 岁，这与广州市的保障性住房使用人群有所区别，深圳市的低收入群体以中青年为主。在教育程度方面，拥有大学以上学历的近 20%，这与广州市的人群教育水平构成相似，这样的受教育水平往往在广州、深圳这种社会竞争激烈的环境下被淘汰。《2011 年三季度深圳民政事业统计》数据显示，在社会低收入保障人群中，无业人员比例高达 77%，而以打零工、散工为主的占 13%。

笔者在对广州已经建成使用的成熟保障性住房社区——金沙洲社区、广氮花园、芳和花园、泽德花园这四个小区人员进行调研时，也对这些小区住户的家庭结构有了初步的认识。

随机问卷调研结果显示，被调研对象绝大多数集中在 40 岁以上，这些人普遍教育水平低下。他们大部分为待业者，没有固定的经济来源，家庭月收入不足 1 000 元，基本依靠政府的资金补助。阻碍他们获得稳定工作的另一大原因就是健康问题，部分受访者身体行动不便，需要轮椅才能行动。在家庭结构方面，平均每户为 3.34 人，受访者为两口之家的比例为 20.5%，他们所居住的户型一般为 50 m² 以下的一房两厅户型，而三口、四口及四口以上的家庭占了绝大多数，比例达到 65.8%，他们绝大多数居住的户型为两房两厅，面积在 50～60 m²。在调研户型的比例上，一房两厅与两房两厅的比例约为 2∶7，也基本符合不同家庭结构的比例。

3.2.2 住户行为观察

本研究对主体的观察主要采用固定变量的方式，对比进行拍照记录，然后分析总结出住户的行为活动特点。首先，以时间为不变量，利用周末对广州、深圳及东莞的项目进行异地对比，了解不同地域人群的使用习惯和需求；其次，以项目为不变量，在工作日和周末的早上和下午分别对广州芳和花园和广氮花园进行调研，了解不同时段住户的活跃值、各类公共空间的使用状态等。除了户内的生活行为外，根据行为的属性不同，在户外发生的行为可以划分为三种：①交往行为，如交谈聊天、打麻将、下棋；②活动行为，如遛狗、跑步、休闲健身、打乒乓球、打羽毛球、打篮球；③生活行为，如上下班、买菜、散步、收快递等。

笔者对广州和深圳多个已建成的小区进行了实地走访调研，观察了居民的居住行为，得出了以下四点思考和总结。

第一，首先在对广州、深圳及其他地区调研时发现，广州市的保障性住房项目对架空层及室外活动空间的利用率更高，许多项目的架空层成为住户经常光顾的休闲娱乐场所。乒乓球、麻将、棋牌、聚会、闲聊等活动项目在架空层频繁发生，并且由于聚集效应，这里会吸引更多住户的参与和围观，并逐渐形成规律的活动。而户外活动空间则主要作为大型体育活动及休闲运动发生的场所，主要人群是青少年及老年人，并且时效性较强，一般在天气较好的下午，户外活动设施的使用率才会明显提高。对于户外存在风雨廊的小区，其风雨廊的主要作用是在雨天充当交通遮盖物，极少有住户会在阴雨天气在风雨廊里休息（图3-7）。而深圳市保障性住房住户的主要活动场所基本在室外公共花园，主要行为有遛宠物、散步、休憩、健身及体育运动，邻里之间的群聚交往缺乏，主要都以家庭为单位各自活动，交往空间的利用率也不高（图3-8）。这也与两个城市的住户特点有关。广州市保障性住房的住户大部分为老市民，以往大多居住在如城中村、老城区这种密度高、居住环境较差的地方，而邻里交往、串门消遣已经成为这些居民每日的必备活动。搬迁至保障性住房小区以后，居民仍保持这种生活习惯，并且逐渐影响其他的住户，形成了广州市保障性住房住户行为活动的现状。而深圳市保障性住房的住户人群并不来源于深圳的本地市民，他们基本没有共同的生活习惯。因此，搬迁到保障性住房小区后，大多数住户只是使用小区原本设计提供的活动设施。

图 3-7　广州保障性住房发生的交往活动

图 3-8　深圳保障性住房的交往空间及交往活动

第二，围合式的完整公共空间能提供较多的户外活动空间，而在空间较为琐碎或是用地较紧张的项目中，住户的户外活动较难展开。由于芳和花园、广氮花园、泽德花园等均以较大面积的休憩活动花园为中心，这些小区的户外空间交往发生频率较高。关联性地布置硬地、休憩设施、凉亭而形成儿童活动、健身活动及中老年人看护交往的空间，也能较大提高室外场地的利用率；而亨元花园、安厦花园等，由于没有大片中心活动区域，住户室外交往活动较少。

第三，人们进行行为活动的时间与一日的时间变化存在根本联系，太阳辐射、人们的生活作息习惯都影响了住户的行为安排。早晚均是活动高峰期，根据调研观察发现 8:00—10:00 和 16:00—21:00 是住户户外活动的高峰期，10:00—12:00 活动人数逐渐减少，14:00—16:00 逐渐增加。大部分人选择 16:00—18:00 进行户外行为活动。抽样调研发现，住户平均活动时间约为 2 小时。

第四，天气变化极大地影响了住户的活动选择，特别是金沙洲社区、深圳松坪村等无架空层的社区，在阴雨天气时，人们只能在户内进行活动。而芳和花园、广氮花园等提供了架空层活动空间，在阴雨天气时，住户也能利用架空层进行行为活动。而如亨元花园和大沙东保障性住房项目提供了临空的活动空间，龙归城则架空了局部非首层空间，形成底部的三层架空平台，这些做法也营造了具有气候适应性的交往场所（图 3-9）。新市机械厂项目则将二层打造成通透的开发平台，形成开阔的裙房花园，并结合布置在室内的活动室，在原本紧张的用地条件下，为住户创造了多样的开阔活动场所（图 3-10）。

图 3-9　亨元花园、大沙东项目及龙归城提供的非首层架空交往空间

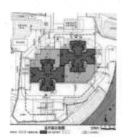

图 3-10　新市机械厂的裙房平台开阔并结合布置活动室

3.2.3 住户现场访谈

笔者在对广州几大保障性住房小区走访调研中，通过与住户的交流访谈，对居住后评价及需求意见做了初步的分析研究。

首先，从总体评价来看，在与芳和花园、广氮花园及泽德花苑的近 20 位居民访谈的过程中发现，用户总体对小区的居住环境给予了较高的评价，大多对目前的生活状态表示满意。这表明这些小区在规划设计上基本满足了住户的需求。

其次，在与住户的交谈中，架空层的活动空间、宠物的活动与便溺设施、风雨廊、无障碍设施等多次被提及，周边生活服务设施及交通工具的便利性也被大多数受访者谈及、强调。对于目前户型的布置，大部分住户表示对户型比较满意，但对阳台、卫生间、厨房的大小及布局有异议。部分住户还特别强调安全物业管理方面的问题。

再次，访谈还了解到大部分住户的行为习惯。如前面所阐述，大部分住户都希望能有共享的花园及公共空间进行娱乐活动，并表示这些活动是他们生活的重要组成部分，是使他们感到快乐和幸福的重要因素。

最后，不少用户也对户内的空间问题进行反映。例如：房间开间过小，有的住户都利用凸窗台来放置床位；某些户型中卫生间门的设置不合理，还有住户反映阳台的尺寸过小，使操作不便利，并希望能有生活阳台；储藏空间的不足、户内无过渡空间、空间私密性差也被部分住户提及。

3.2.4 保障性住房使用人群特点分析

3.2.4.1 保障性住房住户人员构成

保障性住房主要的保障对象是城市低收入住房困难家庭，因此低收入住房困难家庭是保障性住房使用者的主要构成部分。各地由于经济水平不同，对保障性住房的供应方式略有偏差。目前已建成保障性住房的形式主要有公租房、廉租房、经济适用房三种，还有部分地区为外来引进人才提供公租房（人才公寓）。因此，保障性住房住户的主要人员构成以城市低收入住房困难家庭为主，以部分外来引进人才为辅。

3.2.4.2 保障性住房住户的基本特征

一般来说，低收入住房困难家庭主要具有三个特点：①具有当地的市区镇户籍；②属于低收入或住房困难家庭；③无房或人均居住面积低于 10 m²。

通过广州 2008 年对城市低收入住房困难家庭的住房状况调查可以发现，广州地区低收入住房困难家庭主要有两个特点：①多以打散工、无业、退休等低收入、不稳定的职业为主；②受教育程度普遍偏低，以高中或中专以下为主 [68]。通过对文献资料的整理可以看出，深圳地区的保障性住房住户则具有以下五个特点：①家庭结构逐渐小型化，以扩展家庭和核心家庭为主；②年龄以中青年为主；③从事对专业技能要求不高的个体工商户和传统服务业占多数；④受教育水平普遍偏低；⑤日常生活规律性较强，活动范围较小，多在社区附近。

通过文献的研究及现场的走访和访谈，发现目前保障性住房居民心理需求主要如下：①向往更舒适的生活方式，由于保障性住房是极小居住状态的住房，住户对于目前"有房住"的状态还是基本持满意态度的，但更希望在户型朝向、通风、采光、房间尺寸上能有所优化；②交往心态矛盾，既希望接触相对富裕的家庭，却又担心被嫌弃，不太喜欢贫富混居模式 [67]。

3.3 住房户型设计研究

通过对目前岭南地区已建成或在建的 41 个保障性住房户型图纸进行分析及现场走访观察可以看出，岭南地区保障性住房套型的空间布局主要有以下两个特点。

3.3.1 流线组织

一般商品住宅户型流线组织模式主要有"L"字形垂直走廊分离模式、"一"字形垂直走廊分离模式、"一"字形平行并列模式、餐厅中心模式、穿越模式或对角线形穿越模式五种[13]。根据对目前掌握的图纸的分类整理与分析可以发现，这五种流线组织模式在保障性住房户型中得到广泛的应用，但是由于保障性住房户型具有面积小的特点，目前广州和深圳地区户型均没有采用餐厅中心模式，由于客厅的面积较餐厅大且客厅的重要性也远比餐厅大，因此在保障性住房中采用的是客厅中心式布局。目前，保障性住房的五种交通流线组织模式具体如下。

3.3.1.1 "L"字形垂直走廊分离模式

"L"字形垂直走廊分离模式如图 3-11、图 3-12 所示。

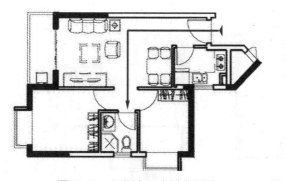

图 3-11　深圳市深康村户型图　　　　图 3-12　广州市萝岗中心城户型图

3.3.1.2 "一"字形垂直走廊分离模式

"一"字形垂直走廊分离模式如图 3-13、图 3-14 所示。

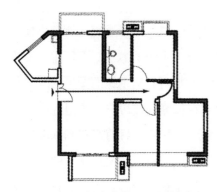

图 3-13　深圳市龙悦居一期户型图　　图 3-14　广州市瑞东花园户型图

3.3.1.3 "一"字形单侧平行并列及"一"字形双侧平行并列模式

"一"字形单侧平行并列及"一"字形双侧平行并列模式如图 3-15、图 3-16 所示。

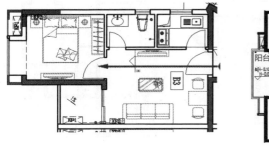

图 3-15　深圳市梅山苑二期户型图　　图 3-16　广州市东新高速保障性住房户型图

3.3.1.4 客厅中心模式

客厅中心模式如图 3-17、图 3-18 所示。

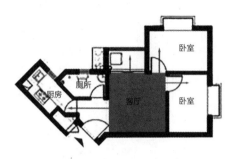

图 3-17　广州市聚德花园户型图

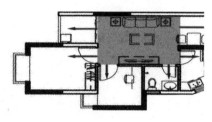

图 3-18　深圳市深康村户型图

3.3.1.5 穿越模式或对角线形穿越模式

穿越模式或对角线形穿越模式如图 3-19、图 3-20 所示。

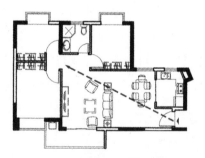

图 3-19　深圳市深康村户型图

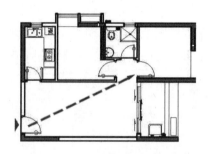

图 3-20　广州市芳和花园户型图

3.3.2 功能组成

在本书的研究对象——岭南保障房户型中，广州规定的保障性住房户型功能组成包括"卧室、起居厅、厨房、卫生间、阳台等基本功能空间"[1]（图 3-21）。由此可以看出，在保障性住房这种紧凑型居住条件下，可配置的基本功能空间较少，因此保障性住房比普通商品房更需要功能空间的复合利用设计，这样才能最大限度地满足使用者的需求。

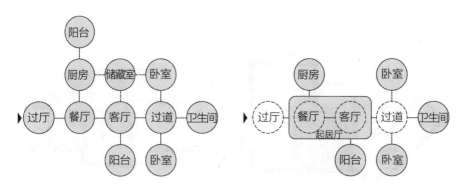

a. 普通商品套型构成　　　　　　　　　　b. 保障性住房套型构成

图 3-21　保障性住房与商品房户型基本功能组成对比

3.3.2.1 餐厅与客厅的关系

餐厅与客厅作为套型内部的主要活动空间，其重要性不言而喻，但是由于面积的限制，二者的关系并不像普通商品房的组合那么丰富，根据目前掌握的图纸可以发现，大部分套型均采用的是客厅与餐厅并置的矩形空间关系、客厅与餐厅"大 + 小"的矩形并置空间关系、客厅与餐厅空间合并这三种组合关系（图 3-22）。

a. 客厅餐厅并置　　b. 客厅餐厅"大 + 小"布置　　c. 客厅餐厅合并

图 3-22　客厅与餐厅现有组合关系示意图

3.3.2.2 细部设计特征

根据目前收集到的图纸可以发现，保障性住房大部分户型的窗户选型包括了普通凸窗、转角凸窗、普通落地凸窗、转角落地凸窗、平开窗五种形式。其中，卧室多采用普通凸窗或者转角凸窗，而厨房、卫生间等空间更多采用平开窗，少数户型由于厨卫空间设置在开口天井中，而选用了异形凸窗来避免对视。

4 岭南保障性住房使用评价

4.1 住区可意象性评价

本节通过四种不同的可意象性研究方法，研究建成保障性住区的现状存在与住户主观意象的差异与关联，对住户意象的主观评价进行量化分析，目的是了解政府保障性政策的施政力度及保障性意图的人文关怀是否被住户所感知。

这四种方法在其功能、目的上各不相同，相互之间又存在联系，可以通过不同方法的结论比对，得到一个较全面的结果。

首先，认知地图。认知地图主要作为先导研究部分，受访者在认知地图的调研中可以完全自由发散地表达对住区意象的关注点，反馈信息给笔者提供后续研究的参考，让笔者获得住户对保障性住区意象的初步认识。

其次，半结构问卷及开放问题。这两种研究方法是笔者主观限定的范围，针对受访者与可意象性相关联的感受，了解其感受与客观存在的关系。在数据分析上，也是根据不同分类的对象进行归纳总结的，目的是了解主体意象与客体存在间的矛盾与关联。

最后，照片评价法。照片评价法属于心理物理评价法中的一个子类，照片评价法由访问者提供不同类别的照片给受访者选取，目的是了解受访者内心的"意象倾向"。在数据分析上，采取的是单因素与交叉分析相结合的方式，希望既能了解住户意象的总体趋势，又能尝试找出不同住户类别间的规律（图 4-1）。

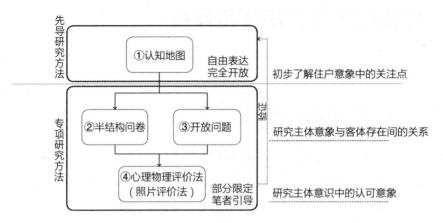

图 4-1　保障住区可意象评价的方法与目的

4.1.1 住区可意象性调查评价的理论基础及相关认识

研究住区意象是通过了解影响居民住区意象形成的因素，对不同住区进行比对研究，是通过分析客体对主体心理意象需求和自身价值需求是否满足来判断一个住区是否为良好的可意象住区。

4.1.1.1 基本概念

（一）意象

"意象"（image）一词最早源自拉丁文中的"imago"，取意为重复和模拟。在现代汉语中可被解释为意境、神态、想象及印象（《现代汉语大词典》及《汉语新词典》释义）。美国心理学家埃德温·霍尔特（Edwin Holt）将"意象"概括性地描述为对感觉和知觉模糊性再现，但非感性再现，它以思维的形式出现在清醒的意识中，包括记忆、抽象意象，以及听觉、视觉、语言等其他感觉意象。

伊曼努尔·康德（Immanuel Kant）把"意象"引入了审美领域，并逐渐发展成为现代美学理论，"意象理论"在现代美学理论走向成熟后才被研究界所了解。康德认为，审美本身具有主观和客观双重意义，审美客体须符合主体的"合目的性"，因此审美意象就成了"符合目的的审美表象"。

落实到对环境的感受和认识上，人作为主体是通过"刺激—感受—知觉—认识—反映"这一过程来认知事物的，感觉与知觉结合形成感知，它是人与环境联动的纽带。本书所指意象是通过主体人对其拥有的感知信息进行加工，再对环境做出认知。

由于意象主体具有一定的共性（他们普遍处于社会底层，生活水平和受教育水平不高），因此他们对事物的感知也相对处于一个较低的层次，但这恰恰能反映住户的基本需求，我们只有抓住重点，才能解决保障性住房的根本问题。

（二）住区意象

本书所指的"住区意象"是居住者、其所处环境及生活阅历三者相互作用而形成的理想居住区形象，这种意象是基于对保障性住区直接或间接的认识，是住户意识中的"认可环境"。

"住区意象"概念彻底从使用者的视角出发，而在现代建筑设计中，概念的形成、设计的考虑往往都只存在于设计师的视角里，建筑最终是否实现了设计师原初的构思往往不得而知。在保障性住房的设计上，涉及的问题更为繁多，最终的产品也常常成为社会和舆论的焦点，往往被媒体和舆论作为重点关注对象。而只从设计师角度来设计保障性住房项目往往不能完全把握住重点，不能满足住户的根本需求。同时，由于以往的住区规划缺乏与住户主体体验的联系，一般设计师都将重心放在图纸或文本上，对纯建筑范畴的空间、布局、路网、轴线等关注较多，而很少站在使用者的角度上考虑一个住区的安全感、归属感、领域感及可识别性等意象要素[69]，因此引入"住区意象"的概念从使用者的需求出发来指导未来设计，对改善这些弊端有着极大的帮助。

住区意象的研究正是让设计师深入了解使用者的主观倾向，从营造一个"家"的角度出发，不再局限于物理空间，而更多地从心理、精神、情感上去了解住户的主观倾向，最终让人情味的设计融入原本冰冷的建筑中。

4.1.1.2 住区意象研究的理论基础

（一）凯文·林奇的城市意象研究

凯文·林奇（Kevin Lynch）在《城市意象》一书中提出了"城市意象理论"[70, 71]。他的理论结合了心理学和行为学对意象的研究成果，并借鉴了这些学科先进、优秀的研究方法，如画图、情景界定、重复再现、系列再现等。

林奇的城市意象理论从城市的地理与实质关联出发，研究城市环境与人的行为之间的关系。林奇对美国波士顿、洛杉矶、泽西市三个城市进行了城市环境意象的研究，通过调查、访谈等形式收集资料，进行分析思考归纳提炼，绘制"公共意象图"，并归纳了城市意象的五要素——道路、边界、区域、节点、标志物[70]。

第一，道路（path）。道路是观察者习惯、偶然或是潜在的移动通道，如机动车道、步行道、长途干线或铁路线等。通常，道路是意象中的主导元素。

第二，边界（edge）。边界是将不同区域加以区分或缝接的线性要素，如河流、道路、台阶、不同道路质感的分界等。

第三，区域（district）。区域是具有共同特征的较大的空间范围。这种能够被识别的共同特征，使得观察者从心理上有"进入"的感觉。

第四，节点（node）。节点是在城市中观察者能够进入的具有战略意义的点，是人们往来行程的集中焦点，如交叉路口、广场、车站、码头等。

第五，标志物（landmark）。标志物是具有可识别特征的参照物，观察者只能位于其外，而不能进入其中，如城市中的电视塔、纪念碑、有特色的建筑、商店的立面等。

站在居住区的角度，这五要素其实也能与目前国内大部分居住区的结构相匹配：道路即围绕小区周边及小区内部的交通路线；边界即小区的红线或者小区的围墙；区域可以理解为住宅的片区；节点为小区中人们常聚集的区域，如球场、亭子、架空层空间等；而标志物可以是小区内最具识别性的参照物，如雕塑、有特色的景观等。

在归纳五要素的基础上，林奇还将环境意象划分为三个层次——个性、结构、意蕴，并阐明了各自的含义和相互关系。个性是一个环境有别于其他环境或者具有高度可辨识性的特征；个性以一定组织形态结合形成特定的结构体系；个性特征与结构体系结合产生独特的可感知的场所"氛围"，称为意蕴。

挪威学者克里斯蒂安·诺伯格-舒尔茨（Christian Norberg-Schulz）在1971年对林奇的五要素进行了简化，提炼出场所、路径及领域（domains）三个要素[69]。其中：场所是个体、群体发生事件的地点；路径是为人提供整体结构概念的连续要素；领域是一个包含着众多相似性元素的区域。路径和场所是图形，领域则是背景。三要素涵括度更高，更为抽象，与居住区这一微观实体的匹配度较低。

在研究方式上，林奇早期主要采用两种研究方法。

第一，认知草图：受访者根据要求在图纸上绘出抽象的城市地图，并在图中标注重要信息要素。

第二，言语描述：以面谈的方式收集受访者对特定场所的语言描述，以一段话的形式概括城市环境的特征及体验，从中收集关键词并提炼要点。

这两种方法能较高效地获取有用信息，但也有一定的局限性，如草图绘制受个人的绘图水平影响，差异较大。因此，在后续的研究完善中，又加入了一些新方法。

第一，多形式的问卷调查。此类问卷问题清晰明确，针对性强。围绕主命题与子命题展开，如对环境的易识别性、可达性、城市中心等的调查。

第二，心理物理评价：要求使用者观察、分组、归类城市环境照片，从中鉴别特点或选择倾向。

第三，距离判断：要求受访者比较两个地理位置间的感知距离，通过对比心理距离和物理距离的差距，评估意象的正确性。

第四，引入新兴科技：由于现代科学技术的飞速发展，新兴媒体及信息工具也在发展壮大。因此，借助计算机仿真模拟、互联网、虚拟现实等数字电子媒介的方式，能更直观、更有针对性地获取受访者的感受，提高效率和准确性。

随着意象性研究理论经验的不断积累和方法的创新丰富，许多学者已经将可意象研究的对象从宏观的城市延伸至有特定范围界定且具备完整、独立行为活动的区域实体，如大学校园、核心商业区及邻里单位。它们都具备了较完整的功能要素，从某种层面上来说，是城市的缩影。

（二）环境心理学

意象研究在环境心理学的领域中属于格式塔心理学及认知理论的研究范畴，研究的过程是根据人对环境的心理需求，寻求环境对人认知的最佳刺激，从而改善周边环境。首先以认知地图作为主要手段，其次结合环境的空间进行研究，再次环境进行感知，最后做出审美评价。归根到底是一种将所获得的资料转变为研究材料的方法。根据让·皮亚杰（Jean Piaget）的认知发展理论和 A. 西格尔（A. Siegel）、S. 怀特（S. White）的心理学实验，认知能力可以分为四个阶段：

第一，以空间标志物作为感知的主要参照物。

第二，研究各标志物之间的路径。

第三，将相邻的路径及参照物结合成子群进行研究。

第四，将环境内的各要素组成完整的统一环境体。

环境心理学下又有研究人类行为及相关环境之间关系的分支学科，称为环境行为学。从环境行为学的理论出发，人的行为始于人的感觉，通过知觉和认知达到最终的行为过程。人对环境的使用和对环境的审美都需要通过知觉来进行，因为人的感知是人的场所行为的基本动机，是对场所意义的反映。

（三）其他理论

站在不同的角度，环境心理学所研究的范围广、涉及的领域多，所提及的相关理论也错综复杂、门类繁多。除了城市意象理论外，其他领域也有不少保障性住区意象中可以借鉴的理论和方法。例如：空间行为研究（spatial behavior study）将空间使用方式作为空间行为的主要研究对象，重点研究人使用空间的固有方式，通过对这种固有方式的研究，进一步了解人对空间的心理需要。R. 萨默（R. Sommer）提出了"个人空间"（personal space）；I. 阿尔托曼（I. Altman）提出了"私密性"（privacy）和领域感（territoriality）。

近年来，国内出现了不少关于"建筑外环境"和"住区近环境"的针对居住区环境进行的学术研究。这些研究侧重点各有不同，也取得了一些领域性成果。天津大学的刘世晖及华中科技大学的刘旸针对现代住区意象展开了探讨，开了住区可意象研究的先河，研究方法及理论具备参考价值和指导作用。

保障性住区意象研究是环境意象研究的组成部分，因此前文提到的研究方法，如认知地图、访谈、照片评价、半结构问卷等均可沿用。国外一些学者还提出了有关使用后评价的研究，如 C. 库珀（C. Cooper）致力于从使用后评价来研究和发展设计准则，这些都可作为住区意象研究的方法。

4.1.1.3 对保障性住区意象的认识

基于相关理论研究及国内外对意象、住区意象等领域的相关研究，笔者对保障性住区意象形成了初步的认识，并做了简要归纳。

住宅作为人造物，有其自己存在和发展的规律。保障性住房作为住宅体系的一分子，有着一般住宅共性的同时，还具备了某些特殊性。如果说住宅具有自己的生命，那么是谁孕育了它？是谁决定了住宅的发展方向？是城市的决策人员、投资者，还是规划师？在思维的空间里，不同的人群对保障性住区会有什么样的想象？在保障性住区意象主观评价研究中，我们关注的是使用者对保障性住区的直接或间接的认知，因此从使用者的视角探寻推动保障性住区发展的原始动力——保障性意图的实现与感受，分析影响住户主观认知判断的住区规划、居住形态的基本因素，就是研究"保障性住区意象"。

在对保障性住区意象个人理解的基础上，结合相关住区意象研究，归纳出保障性住区意象的三大特性。

（一）层次性[72]

由于意象涉及的范围不同，保障性住区意象在不同的层面有不同的研究内容与内涵。小区的宏观意象一般是站在小区控制性规划的角度，研究保障性小区的区位设定、整体的形态要素和组合模式与居住者之间的关系。而站在具体建筑设计的角度，关注的是小区局部的研究，小区道路、广场与活动中心、建筑内部具体空间，以及建筑与周边街道、服务设施的关系等。

由于保障性小区隶属于城市，是城市的重要组成部分，也是基本的功能单元，保障性住区在宏观与微观层面的意象研究可以视为局部的城市意象研究。由于住区可意象研究属于局部研究范畴，因此针对保障性住区意象研究的调研分析必定与整体城市设计意象研究的调研分析有所区别。由于是局部调研，人的重要性将愈发得到体现，人的需求感受与小区空间形态的关系、行为习惯与居住模式之间的关系等成为研究的重点。因此，要对保障性住区意象进行研究分析，一方面，需要研究其宏观的区位、整体规划布局的关系；另一方面，户型、公共空间、绿化景观、设施配套等也应作为微观层面纳入研究对象。

（二）差异性

保障性住房内住户受教育水平、家庭经济水平等背景因素影响着住户对环境的感知评价，感知水平的高低对保障性住区的意象评价结果将产生重大影响。文化水平的差异性在商品房住区中较为明显，由于致富及收入的来源多样，商品房住户的受教育水平分散在不同层次，因此文化水平对商品房住户的意象感知差别影响较明显，而保障性住户的受教育背景均不高，大多集中在小学到高中的教育水平，知识积累较匮乏，因此不能十分全面地感知整体环境，只能凭生活经验和以往熟悉的居住环境作为感知基础。商品房住户与保障性住房住户均存在性别和年龄的差异。性别的差异主要体现在主观和客观两方面：在主观方面，女性一般较男性考虑更为细腻、感性，有时候容易忽视功能需要而强调心理感受；在客观方面，由于女性的生活角色更多倾向于住家打理，而男性负责生计，女性对于户内功能性空间有更多的使用要求，使用时间也普遍较男性长，因此男女在家庭生活行为中直接的角色差异也影响了对住区的意象感知。年龄由于直接影响着人的生活经验积累，因此也会对人的感知产生直接影响，而各年龄人群的需求差异、活动范围、社交群体及生活习惯的差异，也会间接影响意象感知。不同的地域环境对意象也产生重要影响，地域性的差异在客观上由于政策差异、设计倾向、地理区位等因素影响着小区的空间形态、布局方式及配套设施，另外又产生小区住户的社会结构差异，主客观两方面的差异变化对住户的意象感知产生影响。因此，保障性住区意象具有差异性，个人在受到相同的外界刺激后，感知随着个人不同的人生阅历、地域环境、经济背景、家庭角色及个人价值观而发生变化。

（三）时效性

"意象是运动的、活跃的，永远经历着变化，始终在我们的情感（feelings）和观念（ideas）的影响之下。"[73]

保障性住区意象研究的主体与客体——住区与人，都处在社会与城市的不断发展和变化中，住区的发展与变化改变着人对住区的认知；人生活习惯的改变、社会地位的变化、生活经验的丰富也改变着人对住区的认知。近年来，社会保障政策的变化速度快，政府对保障性住房建设的重点在不断变化、转移，因此对保障性住区的意象研究也必须与时俱进；信息与网络时代的到来对人的居住习惯与行为方式产生着重大影响，人们接收信息与知识的效率越来越高，范围越来越广，人的感知也随之发生巨大变化。因此，对保障性住区的意象研究必须抓住其动态性特征，在充分了解当前社会形势和人们居住生活习惯的前提下，还要具备一定的前瞻性，这样才能更充分地发挥研究的作用。

4.1.1.4 保障性住区与城市意象

林奇在《城市形态》（*City Form*）一书中提出，良好的城市形态应从以下几条标准进行评价——活力、感受、适宜、可达性、管理、效率、公平。

居住区作为城市的一个基本单元，也可以看作微型的城市，因此"可意象住区"也应满足可意象城市的标准，根据其他学者的研究，归纳出良好的社区意象必须具有以下特征：①活力、适宜、独特；②效率、公平、参与；③具有较强的领域感、归属感、可识别性。

而作为特殊的住区，保障性住区对上述社区意象的侧重各有不同，但基本吻合。同时，保障性住区意象还应强调人的基本需求及社会关怀的体现，因此安全感和幸福感也应作为保障性住区意象的特征。

保障性住房与普通商品房的主要功能都是提供居住场所，因此他们均受地域性人居环境要素的制约和影响。但相对于普通商品房，保障性住房无论从宏观的政策机制，还是具体的产品空间和物理标准，乃至与居住主体特殊性相关联的邻里关系和行为习惯，都具有独特性，因此针对保障性住区的可意象性调研也必须紧扣这些特点来进行研究。

同时，保障性住区意象的实现将通过住户的体验反映出来，这些具有明显共性的居住者——社会低收入人群的居住理想，才是保障性住房发展的原始动力，才是保障性住房建设的"原点"。所以，保障性意图的调研必须从这些住户身上获得反馈，通过住户的反馈来判断保障性住区意象的理想与现实的差距，以及保障性意图的落实情况。

4.1.2 认知地图调查研究

认知是人所具备的基本心理功能，其过程是通过诸如感觉、判断、记忆等心理活动获取对外界事物的认识。人脑接收外界事物信息输入，经头脑加工处理转换成自己内心活动，进而支配人的行为，这个过程即为信息加工过程，也就是认知过程[74]。

人对环境的认知是由许多的点、线、面按照一定的联系组成的[75]。认知地图是人根据自身的经验认识，在头脑中产生对某一特定区域的虚拟化地图，是对局部环境形成的一种综合意象，它包含了方位、距离、重要事物、空间序列等信息。

4.1.2.1 认知地图的发展历史及模式

"心理地图"（mental map）来自使用者的生活体验与积累，它不仅是单纯的知觉与认知，还包含多个维度的信息，通过综合与权衡后再现出来。"心理地图"又被称作"认知地图"，最早由格式塔心理学家托尔曼所创造。林奇将这种方法运用在对城市意象的探索研究中。国内学者胡正凡对两所大学的认知研究、朱小雷博士对华南理工大学校园公共的环境意象研究、郭昊栩博士对岭南高校建筑课外空间使用方式的研究均采用了认知地图的评价技术。大连理工大学的陆伟则把认知地图技术运用在老年人在居住区内的出行特征研究中。

认知地图的研究最早可追溯到 20 世纪 60 年代，特罗布里奇（Trowbridge）指出，人们通常采用两种方式认路：一种是根据地图与指南针寻找目的地；另一种则以家庭为中心，然后把各个地点、道路所处位置联系起来，形成一个空间关系网络。在这一观点的基础上，认知地图在被后续学者使用中主要衍生出两种类型，即路径型与鸟瞰型，他们的特点如表 4-1 所示。

表 4-1　两种心理地图的特点区别

类型	路径型地图	鸟瞰型地图
方式	固定点—通往各处的路径	围绕着各种地标形成
层次	低	高
使用状况	较多研究采用	相对复杂，较少采用

4.1.2.2 保障性住区认知地图的研究方法

传统的认知地图在操作上通常是研究者给受访者提供笔和纸张，然后给予一定的规则提示，由受访者根据自己的认知来绘制。此种方法能使受访者自由地发挥、表达自己的意愿，但受受访者绘图能力、耐心等因素的影响，受访者的认知意象和表达形式可能存在较大差异，研究者也不一定能通过认知地图获得全部信息。在保障性住区的研究上，由于受访对象不具备像校园认知地图调查那样能进入宿舍集中发放问卷再统一回收的条件，实际操作比较复杂。因此，研究方法可行性较低。

笔者为了让受访者的意象能较为清晰地表达出来，在传统认知地图上做了一定的改进。

（一）认知地图的媒介

以白色可擦除的磁性底板（图 4-2）作为表达介质，用彩色磁粒（图 4-3）代表不同的区域、节点及标志，用彩色油性笔（图 4-4）表达边界及路径。

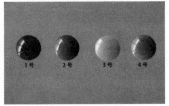

图 4-2　白色底板　　　　图 4-3　彩色磁粒　　　　图 4-4　彩色油性笔

（二）认知地图规则及表达

首先，以 1 号磁粒来表示小区的建筑，以 2 号磁粒来表示受访者自己居住的楼栋，以 3 号磁粒来表示小区内的重要节点，以 4 号磁粒来表示小区外的市场、公交站点等周边标志区域。

其次，以 1 号油性笔注记各节点的功能或者补充描述。

再次，以 2 号油性笔绘制小区边界，3 号油性笔绘制住户住所到各节点、场所的路径。主要路径以实线表达，次要路径以虚线表达（图 4-5）。

最后，可根据笔者提供的范例参考来表达，以确保住户的表达相对统一。

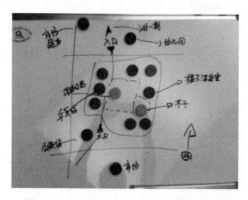

图 4-5　保障性住区认知地图参考范例

4.1.2.3 保障性住区认知地图实地调研

在进行岭南保障性住区可意象性深入调研前，先对广州市的四个保障性住区和深圳市的两个保障性住区进行先导性认知地图调研，分别为广州的芳和花园、泽德花苑、亨元花园、广氮花园及深圳的深云村、松坪村。共计获得住户认知地图 19 份，其中芳和花园 5 份、泽德花苑 3 份、亨元花园 2 份、广氮花园 4 份、深云村 2 份、桃源村 3 份。

4.1.2.4 保障性住区认知调研结果分析

第一，在认知地图的总体信息统计上，住户反映小区外的关键信息平均每张地图为 3.26 处，反映小区内的关键信息平均为 2.68 处。

第二，在小区外部信息上，交通信息、学校资源、市场等为较多住户所表达。超市、工地、毗邻小区、绿地、社区活动中心、商业街、医院也被部分住户在认知地图上绘出。

第三，在小区内部信息上，集中式的休息及景观设施、活动场所被大部分住户所表达，其中如芳和花园的球场、儿童活动设施，深云村的泳池，广氮花园的球场、儿童活动设施，泽德花苑的休息亭及康体设施，桃源村的康体设施等都基本被这些小区的住户在认知地图上重点表达出来。

第四，部分住户不满意的信息也在认知地图上有所反映。如部分广氮花园和深云村的住户在认知地图上反映了幼儿园的位置，但也标注了"仍未开业"的文字说明，亨元花园住户则在小区内部标注了垃圾站，也用文字补充了"垃圾站影响环境"的说明。

第五，在住宅到各节点的路径信息方面，住户主要表达从住宅到交通节点的路径及使用主要小区内资源的路径。68% 的住户出行路径为小区的主干道，剩余住户选择穿越花园的方式出入小区。

第六，除了社区内外的节点，住户还利用文字注明反映了小区的其他信息，如架空层的活动、噪声要素、小区安全管理、小区绿化、周边景观等信息。

4.1.3 可意象性问卷调查

保障性住区可意象性问卷调查包括四个阶段：第一阶段为调查计划，主要是确定调研对象、调查目标、样本数量及调查时间和行程；第二阶段为调查实施，分别包括半结构问卷、开放性问题及照片评价三种方式的住户实地调研；第三阶段为统计分析，包括数据统计分析、特征分析和体验评价；第四阶段为调研成果总结。

首先，对研究样本进行范围限定，本书选取的调研样本是根据以下特征进行限定的：①具备一定的规模；②社区功能完整性较高；③住户活动较丰富；④住户样本调研可行度较高；⑤实施较为便利。其次，根据前面一章对保障性住房的归类统计，这里选择了广州市 3 个中大型多栋布局的建成保障小区作为研究对象，根据其不同的特点进行类别划分，具体如表4-2 所示。

表 4-2　可意象性问卷调研样本分类表

样本	广氮花园	泽德花苑	芳和花园
建筑面积 / 万 m²	24.77	21.82	35.86
容积率	4.00	2.86	4.64
建设年份 / 年	2013	2011	2011
栋数 / 栋	12	16	19
平均层数 / 层	23.83	18.38	29.32
地块数 / 块	2	2	1
地块区位	新开发地块	成熟地块	成熟地块
类别	近郊型多地块小高层保障性住区	城区型多地块小高层保障性住区	城区型单地块高层保障性住区
混居模式	地块聚居	栋内混居	栋内聚居

4.1.3.1 近郊型多地块同质聚居保障性住区

近郊型多地块同质聚居保障性住区选取广州市天河区广氮花园作为样本对象。

（一）基本概况

广氮花园分为南北两个地块（图 4-6），南地块面积较大，由 7 栋高层住宅及其所围合成的花园组成，内部还布置了儿童娱乐设施、康体设施及篮球场和羽毛球场，周边毗邻的还有建成但还未开业的幼儿园，此地块均为经济适用房住户；北地块面积较小，由5栋高层住宅围合而成，花园较小，仅配套有一处儿童娱乐设施，均为廉租房住户。

图 4-6　广氮花园地块分区示意图

（二）调查实施

将意象问卷的调研样本收集点分成三个部分：第一部分是在经济适用房小区，第二部分是在廉租房小区，第三部分是在广氮花园门口公交始发站，尽可能地涵盖行为模式各异的住户样本。在小区内的调研也分为多种抽样方式：①架空层活动的人群；②小区花园内休憩、停留的人群；③使用小区儿童活动设施的住户；④使用运动场地的住户；⑤进入小区步行回家的住户。以此覆盖各年龄段和不同家庭结构的住户，具体调研地点如图4-7所示。

图 4-7　广氮花园问卷抽样分布点

广氮花园实地意象问卷调研共发出问卷 29 份，回收问卷 29 份，去除敷衍回答及不完整的无效问卷，共得到有效问卷 26 份，有效率为 89.7%，其中 5 人没有进行照片评价部分的回答。调查对象中男性 14 人，女性 12 人。其余人员结构如表 4-3 至表 4-6 所示。

表 4-3　广氮花园意象调研住户年龄分布

选项	小计 / 人	比例 /%
A.25 岁以下	4	15.38
B.25 ～ 35 岁	8	30.77
C.36 ～ 50 岁	8	30.77
D.50 岁以上	6	23.08

表 4-4　广氮花园意象调研住户居住年限分布

选项	小计 / 人	比例 /%
A.1 年以下	8	30.77
B.1 ～ 3 年	12	46.15
C.3 年以上	6	23.08

表4-5 广氮花园意象调研住户家庭成员数分布

选项	小计 / 人	比例 /%
A.1～2 名	2	7.69
B.3 名	10	38.46
C.3 名以上	14	53.85

表4-6 广氮花园意象调研住户物业类型

选项	小计 / 人	比例 /%
A. 经济适用房	15	57.69
B. 廉租与公租房	11	42.31

（三）半结构问卷统计分析

（1）在对住户入住新小区后的感受进行统计中发现，与原居住环境相比，住户的安全感提升较为明显，但归属感不足。广氮花园属于封闭式管理小区，有清晰的外边界，门禁管理也较为严格，需要刷卡进入。在经济适用房地块，管理相对较严格，进行调研时门禁保安需要登记才能进入，而北侧的廉租房地块虽然有门禁但调研时保安却不在岗。廉租房区住户反映常有失窃现象。由于广氮花园所处地块较为孤立，周边相对荒芜，目前只有一个商品房小区相毗邻，住户反映有种"孤岛"的感觉，而由于有周边的商品房小区作为比较，住户在访谈过程中也常拿相邻小区做比较，表达了对管理等问题的不满，因此满足感与幸福感也相对缺失（表4-7）。

表4-7 广氮花园住户意象感受统计表

题目 / 选项	A. 幸福感	B. 安全感	C. 满足感	D. 归属感
您获得了？	8（30.77%）	13（50.00%）	6（23.08%）	4（15.38%）
较不足的是？	12（46.15%）	13（50.00%）	8（30.77%）	12（46.15%）

（2）对住户居住条件满意度的统计可以看出，76.92% 的住户对现在的居住条件较为满意，其中住经济适用房的住户比例更高。这与经济适用房地块与廉租房地块休憩绿地资源、管理力度及居民心态和素质有关，经济适用房地块有相对开阔的中心花园，并且有羽毛球及篮球场等大型活动

场地，居民拥有自己的房子，多为本地人，而流动性较强的廉租房地块住户许多都表示只是暂时居住，随时会根据政府政策改变及租金的调整转移居住地，而且居民素质相对经济适用房地块住户差异也较大。

（3）在被问到安全感的具体问题时，超过半数的住户认为，进入小区范围后仍未进入安全区域，不到40%的住户表示进入小区后进入了安全区域，认为安全的住户大多住在经济适用房地块，并且集中在中青年和青少年。对小区边界界定及管理的问题上，接近七成的住户表示能感受到明确的边界，但管理不严格，无一人回答无明确边界，证明小区的围合感及边界存在感较强。对于归属感及标志物的问题，46.15%的住户表示没有标志物能给予进入或者离开小区的感觉，只有进入家门后才有归属感，38.46%的住户表示能清晰界定标志物，多数提出经过车站或者大门后有进入或者离开小区的感觉。

（4）对于住户闲暇时候的活动地点如表4-8所示。57.69%的住户会选择在休息时使用社区花园，也有50%的住户在休息时会选择外出，这一部分人员主要集中在廉租房地块。在对廉租房住户调研时，不少人表示由于存在自卑感，所以希望闲暇时能逃离住处，去市区进行消遣，在社区花园内比较难进行交往。

表 4-8　广氮花园住户休息场所选择意象

选项	小计 / 人	比例 /%
A. 几乎不出门	5	19.23
B. 串邻居	2	7.69
C. 社区花园	15	57.69
D. 周边商场、超市、活动中心等服务设施	3	11.54
E. 市中心	13	50.00

（5）在被问及与邻里的交往频率时，11.5%的住户表示与邻居交流非常频繁，50%的住户表示与邻居常有交流，这一部分住户大多年龄较大，在调研时也愿意积极配合。

（6）在交通便利感的问题上，84.62% 的人员选择公交车出行，大部分都表示出行较为方便，但也有住户反映虽然公交始发站就在门口，但是由于公交线路没有快速公交系统（bus rapid transit, BRT），因此给外出换乘带来不便，并且由于最近的地铁站通过步行较难到达，很多住户采用公交到达最近地铁站点再换乘地铁的方式出行，这也增加了住户的出行时间与成本；在问及亲朋好友探访的便利性时，53.85% 的人表示便利性一般，但无须亲自接送，由于门口就有公交站并且与大门直线距离不超过 50 m，能较方便地找到住处。笔者在调研时也感觉小区的交通可达性还是较为便利的。

（7）在小区感受的描述上，53.85% 的住户觉得用"和谐安逸"来描述较为贴切，但也有 46.15% 的住户认为"杂乱喧嚣"。没有人将"生活方便、安全有保障"作为小区的贴切描述，这与小区的"孤岛"位置、周边配套不完善，以及住户反映小区频频失窃有关；有多名住户则用"空气清新"（"空气好"）来描述对小区的感受。

（8）在对小区需要完善的休闲娱乐设施上，住户的反映如表 4-9 所示，由于小区架空层空间柱位较密集，开阔空间小，也没有专门的棋牌室，乒乓球、麻将、象棋等设施都是住户自发凑钱置备的，活动空间较为拥挤并且分散凌乱，所以大部分人认为有必要增加规划的乒乓球及棋牌活动场地，而对户外的设施，特别是廉租房的住户，反映希望增加康体设施及更多的休憩场地。

表 4-9 广氮花园住户运动设施需求倾向

选项	小计 / 人	比例 /%
A. 篮球与羽毛球场	2	7.69
B. 乒乓球活动场地	12	46.15
C. 棋牌娱乐场地	10	38.46
D. 康体设施	12	46.15
E. 儿童活动场地	3	11.54
F. 户外休息场地（亭子、花棚）	11	42.31
G. 其他	4	15.38

（四）开放式问题统计分析

（1）在对小区地理中心的提问上，在 26 个有效受访者当中，有 4 人给出了不明确、难以界定的回答，而频次在 5 次以上的答案分别为花园和球场，较为具体的有提及儿童滑梯、风雨廊或者小区大门正对的景墙等，这表明住户对单一向心式小区的地理中心界定较为模糊，一般将围合式花园认为是小区中心部分，而较少人将中心定义为一个具体的地点或是标志物。

（2）在对小区最具标志性场所的提问上，不同的住户给予的回答区别较大，其中 18 人都是提出问题后再观察周围并思考，给予的答案都是所处地附近较具可识别性的景观场所，其中 3 名带孩子的家长认为是儿童滑梯；而在篮球场和羽毛球场活动的人员均认为是球场；在步行中的住户提及的有遮雨廊道、入口广场；而还有部分在架空层活动的住户认为乒乓球等活动区域是小区最具标志性的场所。作为保障性住区，广氮花园的景观设置及场地布置多以功能性考虑为主，具备吸引力和可识别度的场所较缺乏，景观布置也没有特别考虑突出某些重要节点，核心花园风雨廊更倾向于交通作用的景观，因此整体的可识别性不高。

（3）在询问小区内最常停留的场所时，几乎在花园内休憩、停留的住户都将所处的位置或者附近的位置作为答案。有个别廉租房地块的住户给出的答案是经济适用房地块的花园或运动场，这与廉租房地块配套的休憩及娱乐资源不足有关。而有 7 人给出的答案是较少或几乎不在小区花园内停留，或者只是下午或晚饭后围绕小区散步，其中青少年较喜欢待在家里，而中青年人则选择外出。根据访谈得到的结果，小区内大多数住户对小区的休憩场所表示不满，可供舒适停留或者产生聚集的场地不多，集中聚集式的亭子、集中式交谈区也较缺乏，只有廉租房地块有一处方形广场聚集了较多住户，但住户所坐的椅子大部分也都是自己搬来的，可以看出设计时缺乏集中式邻里交往空间的设置。另外，虽然具备部分设施（如儿童活动设施），但由于人群的使用需求远超过设施的数量，导致部分住户无法使用设施而放弃相关活动。

（4）在询问小区附近必备的生活服务设施情况时，有24人提及了医院问题，再者由于小区配套的幼儿园还未开放，而中小学又需要骑自行车或搭乘公交车才能达到，有孩子的家长对教育配套设施也表示不满。另外，由于广氮花园所处地块为新开发地块，周边几乎无成熟的居住区，因此后期配套的市场也被大部分住户所诟病：由于地块孤立，菜品价格相对市区较高，且菜品种类也较少，调研中超过半数的住户不使用附近提供的市场。地块的缺陷导致了生活成本的提高，部分廉租房用户也反映未来会选择租金高一点但没那么孤立的小区。

（5）在对小区最深刻印象的问题上，有18人给予的答案是负面描述，而10人给予了正面的评价，同时给予正面及负面评价的有5名，还有部分住户很难说出印象深刻的描述、事件或场所。其中，在正面的评价中，环境较好/干净、空气好、封闭式小区模式较好、户型方正或者采光好是被多次提及的描述，而负面描述集中在不方便、保安素质差、地理位置偏僻/"孤岛"等描述。可以看出，小区安全管理、区位便利度、小区整体环境及户型是住户关注度最高的几点。

（6）在询问让住户印象深刻的小区时，共有14人回答了此项问题，其他表示不清楚或者没去过其他小区，而在回答的住户中，针对管理方面提及了芳和花园及毗邻商品房小区（国花苑）等，而针对小区环境方面有7人提及芳和花园，3人提及纸厂保障性住房项目，毛纺厂保障性住房项目也有被提及，而还有住户提到了相比新村保障性住房项目，广氮花园的户型较为合理。由此可见，由于广氮花园周边有商业性楼盘，因此住户会产生比较心理，虽然清楚自己住的是保障性住房，但是不经意的比较会使住户产生落差感和自卑感，从而影响住户对自己小区的满意度和认可度。

4.1.3.2 城区型多地块异质混居保障性住区

城区型多地块异质混居保障性住区选取广州市白云区泽德花苑二期小

区作为样本对象。

（一）基本概况

泽德花苑二期位于广州市白云区同德围，二期规划用地面积为 38 903 m²，总居住户数为 3 424 户，项目分两期开发，北侧由 8 栋 22 ~ 25 层的高层和已建住宅、幼儿园等低层建筑围合而成，社区花园呈带状，而南侧地块为二期开发，由 8 栋高层住宅围合成点状中心绿地。小区内绿地以景观绿化布置为主，没有设置独立的活动场地，康乐设施等均在绿地内布置。小区周边包含聚德花苑一期在内的多个居住区，楼龄较老，生活配套设施基本成熟（图 4-8）。

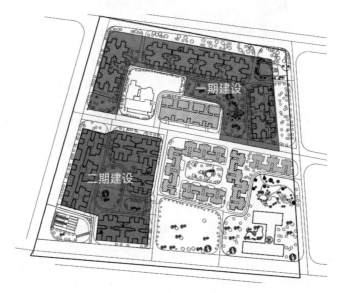

图 4-8 泽德花苑地块分期图

（二）调查实施

将意象问卷的调研样本收集点分为三个部分：第一部分是在北侧一期地块，第二部分是在二期南侧地块，第三部分是在泽德花苑小区门口公交始发站，尽可能地涵盖行为模式各异的调研人群。主要面向人群可分为四类：①在住区花园休息的住户；②在集中式休息区域交谈的住户；③在架空层活动的住户；④走动及出行的人群。目的是尽可能地覆盖各类生活习惯不同的住户，以提高调查的客观性和准确性。具体调研人员分布地点如图 4-9 所示。

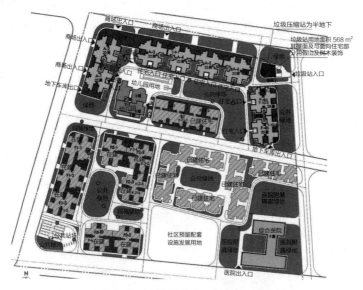

图 4-9　泽德花苑调研人员分布图

泽德花苑实地意象问卷调研共发出问卷 26 份，回收问卷 22 份，去除敷衍回答及不完整的无效问卷，共得到有效问卷 20 份，有效率为 90.9%，其中 4 人没有进行照片评价部分的回答。调查对象中男性 11 人，女性 9 人。其余人员结构如表 4-10 至表 4-13 所示。

表 4-10　泽德花苑意象调研住户年龄分布

选项	小计 / 人	比例 /%
A.25 岁以下	3	15
B.25 ～ 35 岁	6	30
C.36 ～ 50 岁	9	45
D.50 岁以上	2	10

表4-11　泽德花苑意象调研住户居住年限分布

选项	小计 / 人	比例 /%
A.1 年以下	0	0
B.1 ～ 3 年	13	65
C.3 年以上	7	35

表4-12　泽德小区意象调研住户家庭成员数分布

选项	小计 / 人	比例 /%
A.1 ～ 2 名	6	30
B.3 名	11	55
C.3 名以上	3	15

表4-13　德小区意象调研住户物业类型

选项	小计 / 人	比例 /%
A. 经济适用房	12	60
B. 廉租与公租房	8	40

（三）半结构问卷统计分析

（1）相比原来的居住环境，对住户入住新小区后意象感受的变化进行统计分析，可以看出四种感受的认可度均不足50%，其中部分住户幸福感、满足感、归属感有所提升，而在安全感方面，75%的住户给予了否定的态度；在各类感受的回答上，幸福感的回答率较低，仅为70%，住户对幸福感的定义较模糊，比较难判断感受变化。由于泽德花苑二期小区处于已开发地段，周边人群繁杂，而小区虽然为围合式布局，但出入口并不明确，没有独立的大门管理，因此安全感成了小区的最大问题。在采访过程中，笔者本来试图采访的对象在交谈后才发现不是本小区的住户。在归属感和满足感方面，经济适用房住户的好评率不及廉租房住户，在与多名受访者交谈中，笔者归纳主要原因可能是因为混居带来了经济适用房住户对廉租房住户的歧视。与广氮花园不同，泽德花苑并没有根据户型类别分区，经济适用房住户多数认为廉租房住户素质较差，给小区带来了安全隐患（表4-14）。

表4-14　泽德花苑住户意象感受统计

题目/选项	A.幸福感	B.安全感	C.满足感	D.归属感
您获得了?	8（40%）	3（15%）	7（35%）	7（35%）
较不足的是?	6（30%）	15（75%）	10（50%）	9（45%）

（2）对小区居住条件满意度的统计得出，60%的住户对现有的居住条件持满意态度，但大部分均是较为满意，对小区居住条件不满意的人数占20%，这部分主要是廉租房住户，政府政策改革导致廉租房住户现在改制为公租房住户，而住户所缴纳租金目前需要计算公摊面积。原廉租房住户对计算公摊面积致使租金增加而小区治安和管理却得不到改善表示不满，这也是导致廉租房住户产生负面态度的主要因素；而经济适用房住户则希望能将廉租房住户和经济适用房住户分区，目前同一栋楼存在的混居现象是导致经济适用房住户不满的首要原因。

（3）在安全与管理方面，只有25%的人认为进入小区范围就进入了安全区域，这与小区非封闭式的管理有关（表4-15），小区大门没有刷卡式的门禁，只有治安亭和挡车柱，治安亭内的保安也经常离岗。泽德花苑虽然在小区门口处的管理不严格，但在小区内部设置有治安亭及警务室，以此作为住户的安全保障（图4-10），所以部分居民还是认为进入小区后安全感有所提升。在问及小区边界和管理的问题时，50%的住户表示有明确的边界但没有严格管理，而40%的住户认为边界不明确（表4-16）。据笔者分析，虽然小区的出入口形式模糊、辨识度低（图4-11），但小区建筑布局基本形成了围合式布局，小区沿街侧也采用商业裙楼的模式，起到了限定边界的作用。

表4-15　泽德花苑住户安全感统计

选项	小计/人	比例/%
A.进入安全领域	5	25
B.仍然没有安全感	9	45
C.没有感觉	6	30

表4-16　泽德花苑住户边界及管理感受

选项	小计／人	比例／%
A. 没有明确边界	8	40
B. 有明确边界但管理不严格	10	50
C. 有明确边界也有严格管理	2	10

图4-10　部分住户携带孩子在　　图4-11　从小区内外感受小区入口，边界感不明确
警务室前交谈，以获得安全感

（4）在询问住户是否经过或看到某一标志物后有进入或者离开小区的感受时，基本能界定和清晰界定的住户占75%（表4-17），其中清晰界定的住户给出的答案基本为小区外的公交始发站（图4-12），也有个别住户提及的是穿越沿街的裙楼入口或看到治安亭后能有进入和离开小区的感受。由于小区并不是直接沿城市主干道布置的，小区与主干道之间隔有商品房性质的泽德花苑一期，因此在沿横滘大道行驶时并不能直接看到小区，这导致以建筑物立面

图4-12　泽德花苑外的公交始发站

来产生归属感的感受降低，而且小区本身虽然有边界，但出入口混乱模糊，导致没有如其他封闭式小区经过门禁带来的进入小区领域的归属感，因此总体相比另外两个封闭小区样本归属感较弱。

表 4-17　泽德花苑住户社区归属感统计

选项	小计 / 人	比例 /%
A. 能清晰界定，有归属感	4	20
B. 基本能界定	11	55
C. 较模糊，进入家门后才有归属感	5	25

（5）在询问住户休息时活动和停留的场所时，35% 的住户选择在家不出门，使用社区花园的人数为 65%，相比其他两个小区较低。而 60% 住户选择休息时到周边市场、超市等购物，另外 30% 的住户选择进入市内活动（表4-18）。根据分析，小区东西两侧各有一个市场，十分便利，而超市、便利店等也齐备，所以成为较多住户休息时的去处。北侧地块的小区花园由于过于狭长，景观单调，不利于使用；南侧地块则面积过小，休憩设施较少；同时，由于外来人员能随意进入社区花园，部分住户认为在外活动不安全，因此社区花园的利用率并不高（图 4-13），而主要体育运动都集中在架空层的乒乓球运动场地，但可容纳的人员也非常有限，其余大面积的架空层利用率不高（图 4-14）。

表 4-18　泽德花苑住户休息场所选择意象

选项	小计 / 人	比例 /%
A. 在家不出门	7	35
B. 串邻居	0	0
C. 社区花园	13	65
D. 周边商场、超市、活动中心等服务设施	12	60
E. 市中心	6	30

图 4-13 南区的花园结合了康乐设施　图 4-14 架空层只摆放少量乒乓球台

（6）当问及住户与邻居交流的频率时，40%的住户表示常有交流或者频繁交流，这一部分住户在调研时大多处于群聚交往状态，小区南侧地块提供有几处群聚交往的场所，而北侧地块则为大面积的草坪，群聚空间较少；另一部分住户（多为老年人）则选择在架空层自发聚集交谈。在问及小区交往空间是否充足时，70%的住户表示不足，这也是影响住户间交往的主要原因，另外混居带来的不同类型住户之间的排斥感也是影响交往的因素之一。

（7）在交通便利度上，75%的住户认为出行方便，小区门口的公交始发站及步行范围内主干道的公交经停点都提供了不少进入市区的线路选择，而25%的住户认为出行不便利，主要原因有以下两点：①最近的地铁站距离较远；②小区本身的位置较偏僻，虽然有公交车能进入市区但花费时间较长。在出行交通工具的选择上，85%住户选择搭乘公交车出行，另外部分住户（以中老年人为主）则选择步行或者骑自行车到附近市场、超市购物。另外，当问及亲戚朋友造访的便利度时，45%的住户表示一般方便（表4-19），大多住户表示亲戚朋友前往都需要换乘一次以上交通工具才能到达，而到达小区附近公交站点后还是能比较方便地找到住处，这主要是小区区位造成的交通不便，而小区本身内部交通比较规整。

表 4-19   泽德花苑造访便利度统计

选项	小计/人	比例/%
A. 很方便	8	40
B. 一般	9	45
C. 不方便，需要引导	3	15

（8）在对小区感受的描述上，70%的人持有负面态度，大多认为以"杂乱喧嚣"形容小区较贴切，主要体现在小区内部人员杂乱、周边环境较嘈杂及宠物管理的缺失上。在正面评价中，90%的住户认为"生活方便"，而"安全有保障"则仅有1名较乐观的住户选择，并有部分住户给予另外的负面评价，描述如"混居混乱""卫生差"等（表4-20）。可以看出，泽德花苑住户主要不满的地方均在混居模式及安全、卫生管理问题上，对小区硬件居住条件没有持太多评价。

表 4-20   泽德花苑住区描述选择

选项	小计/人	比例/%
A. 和谐安逸	2	10
B. 杂乱喧嚣	14	70
C. 充满生活气息	3	15
D. 生活方便	18	90
E. 安全有保障	1	5
D. 其他	2	10

（9）在对小区休闲娱乐设施满意度调查上，90%的住户均认为不足，乒乓球活动场地、棋牌娱乐场地、康体设施、儿童活动场地都有较多住户希望得到补充，特别是北侧一期地块，各类设施均较匮乏。大部分住户的需求也较为理性，由于小区用地紧张，要集中布置大型的篮球场或羽毛球场比较不现实，因此有不少住户指出应合理利用架空层空间，布置合适的小型娱乐设施，解决本身户外场地面积小的弊端。笔者认为，住户希望获得的大部分设施均能在架空层空间得到满足，而相比广氮花园，泽德花苑

本身架空层空间比较开敞，可利用度高，完全具备满足住户活动需求的条件。然而，目前只有南侧地块一处架空层被利用作为乒乓球场地，其余空间尚属空置或只是简单布置了座椅。

表 4-21　泽德花苑住户娱乐运动设施需求倾向

选项	小计 / 人	比例 /%
A. 篮球与羽毛球场	3	15
B. 乒乓球活动场地	6	30
C. 棋牌娱乐场地	7	35
D. 康体设施	6	30
E. 儿童活动场地	8	40
F. 户外休息场地（亭子、花棚）	2	10
G. 其他	0	0

（四）开放式问题统计分析

（1）在对小区地理中心的提问上，南北地块的住户回答差异较大，北侧一期地块的住户基本表示小区"条形花园"为小区地理中心，也有住户以点式坐标"小区花园上的保安亭"作为小区地理中心，还有 4 名受访者无法给予清晰的回答，这说明北侧狭长地块社区的向心感不强，没有景观标志物让人们产生向心感受。而南区住户虽然基本能说出具体的位置，但差异较大，答案范围基本涵盖南区整个中心花园，但因为南侧地块中心花园较小，除去道路外可以以"点"或者"块状"进行概括，因此虽然答案不一，但答案中的"花亭""小土坡"等都是代表中心花园的答案。根据不同地块的调查可以得知：带状花园的向心感较差，花园更像是带状绿地，缺乏景观中心；相反，块状花园给住户的印象较深刻，容易产生向心感。

（2）在对小区最具识别性的场所进行提问时，北侧一期地块的大部分住户无法给出答案，3 名住户给出的答案是"花园"中仅种植几棵乔木的圆形广场，而有些住户给出的答案则是地块范围内的"幼儿园"，整体的景观识别度都不高。而南侧地块的景观小品较多，4 名住户回答的是"木

117

质休息亭",还有 3 名住户回答的是"景观花棚"还有个别用户回答康乐设施,另外架空层的运动长廊(非长廊使用者)也被 2 名住户提及。泽德花苑小区整体景观规划比较简单,特别北区缺乏标志性场所或是功能性场所,而通过南区"景观花棚"及"休息亭"的使用人数观察和住户访谈,得知这类场所往往让人们对陌生环境渐渐产生熟悉感,并逐渐增加住户的归属感。

(3)在询问最常逗留的场所时,南北地块的住户也存在较大差异,北侧一期地块的住户均表示基本待在家里,或者只是在小区内散步,很少在花园停留;而南区住户大部分根据调研所在位置做出回答,以人的聚集量分析,木质休息亭、景观花棚、小土坡上的康乐设施为居民较多停留的地方(图 4-15),在打乒乓球及在架空层闲坐的居民则表示架空层是他们最常停留的地方,还有部分家长选择在警卫室前带孩子玩,其中一位孩子母亲说:"由于小区治安混乱,在治安室前玩耍才能获得安全保障,必要时候能进里面避避。"这也从侧面反映出小区治安是影响人们在小区内活动的一大原因。从对泽德花苑的调查中可以得出,充足的聚集式景观设施是提高社区花园利用率、促进社区内交往的硬件设施(图 4-16),而良好的治安及居民素质的提升则是提高社区环境的软动力。

图 4-15 泽德花苑南区有集中休憩设施　　图 4-16 泽德花苑北侧一期的景观只有简单的绿化

（4）在询问住户对周边生活服务设施的满意度及使用便利度时，有50％的住户认为基本满意，对市场、中小学、超市等都给予了肯定的评价，尤其两侧市场可以供住户比较选择，给居民的饮食提供了良好的保障，是提升居民幸福感的一大因素。对设施表示不足的住户主要集中在对医院的评价上，与芳和花园类似，小区周边虽然有社区卫生站，但与大型公立医院距离较远，居民有紧急健康情况时，救援所需时间较长。

（5）在询问居民对小区最深刻的印象时，大部分住户给出的都是负面评价，卫生差、环境脏、人员杂乱是出现频次达到 4 次以上的回答，部分住户则给出了"活动地方太少"和"活动设施少"的答案。也有部分南侧地块居民给出了"花园环境不错"或"买东西比较方便"的回答。

（6）在询问其他居住区给住户留下深刻印象的问题时，被住户提及的保障性住房小区有芳和花园、纸厂小区、安厦花园及毛纺厂项目等，这些小区令他们印象深刻的主要是区位的便利性、封闭式的布局、较严格的管理、小区花园的环境及户型较舒适等，而也有住户提及广氮花园的交通偏僻和金沙洲项目的混乱，大部分住户认为他们的居住环境及社区条件在保障性住房内不算最优越，但也处在中等水平。也有住户提及泽德花苑一期的商品房，主要可取方面是它的封闭式管理，这也体现出泽德花苑保障性住房项目不明确入口及边界的模式在大多数住户心里是错误的设计模式。

4.1.3.3 城区型单地块同质聚居保障性住区

城区型单地块同质聚居保障性住区选取广州市荔湾区芳和花园小区作为样本对象。

（一）基本概况

芳和花园原为芳村花园二期，位于芳村花园一期的东侧，由 21 栋高层住宅组成，为单地块项目（图 4-17）。芳和花园为混合式布局，可大致分为两大围合中心区，东侧为运动广场区，较为狭长，内有篮球场、羽毛球场及举办仪式或活动的居民广场，西侧为绿化景观区，其中部分又被

19、20、21栋连拼高层分割成两条较狭长的景观走廊，分为康乐活动区和绿化休憩区（图4-18）。在户型布置上，廉租房布置在南侧，毗邻小区的配套小学和幼儿园（图4-19）。

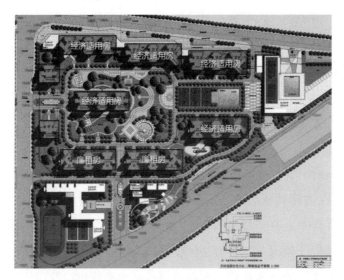

图4-17　芳和花园保障性住房类型分布

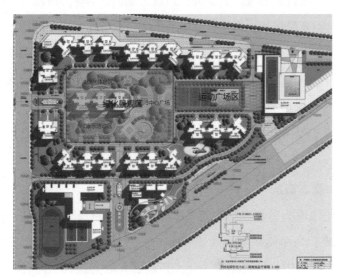

图4-18　芳和花园围合空间分区

图4-19　芳和花园南侧入口为廉租房及配套幼儿园

（二）调查实施

将意象问卷的调研样本收集点分为两个部分：第一部分是芳和花园小区内，第二部分是在社区活动中心外的公交经停站及地块东侧的公交总站（图4-20）。在小区内的调研较均衡地抽取了流动住户及驻停住户，并平均小区内各个点的统计数量，覆盖架空层、球场、康乐设施、休憩设施及儿童活动设施、外出回家的流动人群等。具体调研问卷抽样分布点如图4-21所示。

图4-20　芳和花园小区问卷抽样的公交停靠站点采区

图 4-21 芳和花园小区问卷抽样分布点

芳和花园实地意象问卷调研共发出问卷 35 份，回收问卷 31 份，去除敷衍回答及不完整的无效问卷，共得到有效问卷 28 份，有效率为 90.3%，其中 3 人没有进行照片评价部分的回答。调查对象中男性 16 人，女性 12 人。其余人员结构如表 4-22 至表 4-25 所示。

表 4-22　芳和花园意象调研住户年龄分布

选项	小计 / 人	比例 /%
A.25 岁以下	3	10.71
B.25 ～ 35 岁	8	28.57
C.36 ～ 50 岁	11	39.29
D.50 岁以上	6	21.43

表 4-23　芳和花园意象调研住户居住年限分布

选项	小计 / 人	比例 /%
A.1 年以下	0	0
B.1 ～ 3 年	10	35.71
C.3 年以上	18	64.29

表4-24　芳和花园意象调研家庭成员构成分布

选项	小计 / 人	比例 /%
A.1 ～ 2 名	6	21.43
B.3 名	9	32.14
C.3 名以上	13	46.43

表4-25　芳和花园意象调研住户物业类型

选项	小计 / 人	比例 /%
A. 经济适用房	17	60.71
B. 廉租与公租房	11	39.29

（三）半结构问卷统计分析

（1）对芳和花园住户入住小区后的意象感受进行分析统计，与原居住环境相比，住户安全感明显提升，92.86% 的住户对居住在小区内的安全感受表示满意；82.14% 的住户认为入住芳和花园后，幸福感获得提升。通过实地走访也发现，芳和花园无论在小区环境、户型设计还是小区管理上，与广州市其他走访调研的保障性住区相比条件均较好，甚至在某些方面与周边商品楼盘相比也不相上下，而大部分住户也表示小区的环境十分优越，小区管理相对到位，居住氛围良好。在满足感方面，认为较不足的住户占大部分，这与保障性住户个人心理、人的欲望限度有关。在归属感方面，认为获得了归属感与归属感不足的住户比例相似。根据居民访谈中获得的信息分析，他们认为小区虽然提供了足够良好的活动交流环境，但住户个人的文化水平、喜好、生活习惯的混杂导致住户间存在着价值观念的分歧。其中，有受访住户就表示"我想交新朋友，这小区也提供了这样的地方，但许多人素质低，很难和他们交流"。因此，主体观念差异大的因素是造成社区归属感认同度不高的重要原因（表4-26）。

表 4-26　芳和花园住户意象感受统计表

题目 / 选项	A. 幸福感	B. 安全感	C. 满足感	D. 归属感
您获得了?	23（82.14%）	26（92.86%）	12（42.86%）	13（46.43%）
较不足的是?	4（14.29%）	2（7.14%）	14（50.00%）	12（42.86%）

（2）对小区居住条件满意度进行统计，78.57% 的住户对现有的居住条件较为满意或者非常满意，其中非常满意的人数超过总人数的三成。没有人对小区条件表示不满。相比其他保障性住区，芳和花园从地理位置、交通优越性、小区本身的花园环境、内部的户型设计、周边配套及小区管理来看，均为保障性住房项目中相对较好的一类。住户的满意度也是对芳和花园项目本身的认可度。

（3）在安全与管理方面，71.43% 的住户认为进入小区就进入了安全领域，部分认为没有安全感的住户主要反馈的是小区的球场往往有周边商品房的住户来使用，并且下午活动时间保安对进小区的人员管理不是特别严格（表 4-27）。由于芳和花园设置了封闭围墙及独立的出入口管理，因此全部住户都认为小区边界明确，但 35.71% 的住户认为管理不够严格，主要问题是保安并非所有时间都严格登记，有时候会主动开门给陌生人（表 4-28）。但从总体来看，芳和花园出入小区使用刷卡进出，小区由于有规模较大的运动场地，也吸引不少周边的居民，在非人流高峰期外来人员都需要登记才能进入，这在保障性住房项目中已是相对严格的管理水平。

表 4-27　芳和花园住户安全感统计

选项	小计 / 人	比例 /%
A. 进入安全领域	20	71.43
B. 仍然没有安全感	3	10.71
C. 没有感觉	5	17.86

表 4-28　芳和花园住户边界及管理感受

选项	小计 / 人	比例 /%
A. 没有明确边界	0	0
B. 有明确边界但管理不严格	10	35.71
C. 有明确边界也有严格管理	18	64.29

（4）在问及住户能否在经过或看到某一标志物后有进入或者离开小区的感受时，所有住户都表达能清晰界定或者基本能界定（表4-29），被问及具体情况时，答案也较为丰富，有以交通站点为界定点的，如公交站、地铁站，也有更具体的描述性表达，如搭乘地铁从隧道出来见到阳光的时候。大部分住户以小区大门作为界定点，也有以建筑物作为界定物的，如小区东侧的配套社区活动中心，还有住户提到看到小区屋顶的岭南风格山墙或是小区的色彩就有回家的感受。经分析，周边交通站点及小区大门往往是带给住户回到小区归属感的重要信息提示物，而芳和花园住户反映的小区外立面的特色也说明良好的小区外观形象也可以作为归属感的提示物。

表 4-29　芳和花园住户社区归属感统计

选项	小计 / 人	比例 /%
A. 能清晰界定，有归属感	14	50
B. 基本能界定	14	50
C. 较模糊，进入家门后才有归属感	0	0

（5）对小区住户休息时的活动或停留场所的调查显示，82.14% 的住户都以使用社区花园为主，景观良好的大面积花园在给住户提供休憩的场所的同时，也丰富了住户的生活。还需强调的是，由于芳和花园的首层大面积架空，架空层空间开阔敞亮，因此许多住户除了选择户外活动外，架空层的活动也是不少住户的另一大选择。由于芳和花园所处地段经过多年开发已较为成熟，周边新老配套设施基本齐备，超市、市场甚至喝茶的酒

楼也是居民常去的场所。便利、多样的交通出行方式给居民提供了快捷出行选择，地铁、客运站及环绕小区的多个公交站点覆盖了进入市区主要的交通网，因此39.29%的住户也选择在休息时前往市内（表4-30）。

表4-30 芳和花园住户休息场所选择意象

选项	小计/人	比例/%
A. 在家不出门	9	32.14
B. 串邻居	3	10.71
C. 社区花园	23	82.14
D. 周边商场超市活动中心等服务设施	9	32.14
E. 市中心	11	39.29

（6）在询问住户与邻居交流的频率时，半数住户表示频繁交流或者常有交流，表示频繁交流的住户对象集中在群聚人群中，他们由于和邻居有共同的兴趣爱好而聚集在一起，如打乒乓球、养鸟、下棋、打麻将等。另外，半数的住户表示与邻居交往较少，这些人群休息时使用社区花园的频率较低，或者没有明确的群体爱好，部分选择在小区内独自闲坐。

（7）在交通便利度上，所有住户均认为芳和花园的交通非常便利或者较便利，这也与事实相符，公交、地铁及客运站均在步行范围内，可快速到达。在出行方式上，57.14%的住户选择搭乘公交车出行，由于芳和花园周边公交站点密布，各站点的线路涵盖广，所以公交成为人们出行的首选。而35.71%的住户选择搭乘地铁出行，其中大部分为中青年人。还有小部分人群选择骑自行车或者步行出行。

（8）在对小区感受的描述上，60.71%的住户认为小区最大的特点就是生活方便。在与住户的交流中可知，这类方便体现在出行方便和生活方便上，便利的交通及周边齐全的生活服务设施带给了住户最直观的感受。安全、有生活气息、和谐安逸等描述也被不少住户认可。而也有28.57%的住户表示，虽然小区整体感受良好，但由于小区内的活动较多，跳广场舞、打篮球及犬类噪声都给小区带来一种杂乱喧嚣的感受，特别是西侧围绕球场及广场的住户表示受噪声干扰较大。另外，还有住户认为"绿化环境好""卫生整洁"是小区最贴切的描述（表4-31）。

表4-31　芳和花园居住感受描述

选项	小计 / 人	比例 /%
A. 和谐安逸	6	21.43
B. 杂乱喧嚣	8	28.57
C. 充满生活气息	6	21.43
D. 生活方便	17	60.71
E. 安全有保障	11	39.29
D. 其他	3	10.71

（9）在对小区休闲娱乐设施满意度的调查上，近六成住户表示基本满意，无须增设更多设施。笔者也发现问卷所提供的选项在小区内均能找到对应的场地，并且许多设施的场地相比其他小区规模更大。主要住户需求集中在棋牌娱乐场地，目前住户主要在架空层空间自发聚集进行此类活动，在设计上并没有设置独立的棋牌室和活动室，而芳和花园底层架空层空间相当开阔，在设计时完全能进行条理化布置（表4-32）。另外，不少住户反映虽然休闲娱乐设施较充足，但针对小区内宠物的便溺设施及活动场所较匮乏，希望能得到改进。通过多个小区的研究也发现，宠物便溺缺乏管理已经成为影响小区环境的一大重要因素。

表4-32　芳和花园住户运动娱乐设施需求倾向

选项	小计 / 人	比例 /%
A. 篮球与羽毛球场	0	0
B. 乒乓球活动场地	2	7.14
C. 棋牌娱乐场地	7	25.00
D. 康体设施	0	0
E. 儿童活动场地	4	14.29
F. 户外休息场地（亭子、花棚）	0	0

（四）开放式问题统计分析

（1）在对小区地理中心的提问上，所有调研对象都能至少模糊地界定一个区域为中心点。球场、亭子、中心花园是出现频次超过 5 次的回答。值得注意的是，架空层的文化长廊（目前主要为乒乓球活动场地）也被多位居民认为是小区的地理中心，还有 9 名受访者有明确的轴线概念，其中4 名给出的是如"正对 5 号楼的区域""9 号楼前的花园"以楼的编号作为定位点的答案，可见由于芳和花园的特殊布局，以楼作为小区地理中心的定位点也被住户所认可。另外，5 名住户则以小区北侧大门、南侧大门所对应的中心花园广场作为小区地理中心，也是对轴线概念的另一种表达。

（2）在对小区最具识别性的场所进行提问时，13 名住户认为小区东侧的球场及居民广场是最具识别性的场所，由于小区篮球场确实为从东侧大门进入小区后视野中的第一标志物，也吸引不少外来小区的居民前来运动，而居民广场时常有各类活动仪式，平时晚上不少住户在这跳舞也令居民产生了较深刻的印象。其他答案有具体的标志物，如"中心的亭子""南侧大门正对的景观及公告牌"；也有特定的活动场所，如"康乐活动设施""文化长廊""儿童滑梯"等。还有住户可能是对场所的定义不了解，给出了"楼顶的装饰"的答案，虽然答案偏颇，但可以感受到芳和花园具有一定地域特色的山墙也是体现小区识别性的重要因素。

（3）在询问小区内最常停留的场所时，17 名住户都根据调查所在的位置给出了在附近的答案。换句话说，在一定程度上，小区内不同空间住户停留的数量也反映着小区内住户最常停留的场所，其中 8 名住户反映最常停留的场所是架空层，他们在那打麻将或下棋或打乒乓球，而在户外的停留场所中，球场、中心广场及凉亭使用人数较多，其次为西面三行建筑间的条形休憩区和康乐区，另外有孩子的父母则较常在东南角的儿童活动场地停留，其他小区外围的景观节点也有部分人群聚集，也是某些有共同爱好的住户的最常逗留点。

（4）在问及小区周边生活服务设施是否有缺失时，25 名住户表示周边生活服务设施基本齐备，而且在日常生活中使用起来也较为便利。其中，超市和市场对居民的影响最大，七成住户都表示超市、市场使用较为频繁且便利。相对而言，部分住户反映医院的便利性较差，很多住户表示由于周边医院级别较低且收费高，不会选择到周边医院就诊。总体而言，住户对芳和花园周边的生活服务设施较为满意。

（5）在对小区印象的问题中，19 名住户给予了正面的评价，有 5 名住户表达了褒贬结合的综合印象，剩余 4 名持负面态度。在正面评价中，"小区环境好""治安良好"的比例最大，也有不少住户表达了生活便利、出行方便等居住感受，还有对小区运动场及康乐设施、小区形象等方面表示印象深刻的；还有住户用"小康"来形容居住印象，一个保障性住区给居民带来了"小康"的生活感受，这是一种意象层次的升级。在综合评价和负面评价方面，主要集中在宠物管理及居民素质上，也有住户虽然知道自己身居保障性住区，还是提出居住面积过小或者公摊面积太大的评价，特别是廉租房住户由于户型小，有些一户居住了 5 人，导致人均面积过小。

（6）在询问其他居住区中给住户留下深刻印象的问题时，除了个别住户提及了纸厂、大沙东保障性住房项目，大部分住户都认为芳和花园算是保障性住房中条件较优越的。住户提出的小区都是附近或者自己曾经去过的商品房小区，如芳村花园一期。而且在环境方面，住户还表示芳和花园甚至比作为商品房的芳村花园更优越。如康乃馨、中海名都、富力桃园等其他周边商品房小区，也被住户拿来比较。可以看出，芳和花园已是保障性住房中品质较高的项目，部分条件已经可以与商品房比较。但由于毕竟是保障性住房项目，其条件过于优越对于住户心理和社会公平是否会产生影响，还有待研究。

4.1.4 可意象性照片评价调查

根据已走访调研的保障性住区，对已建成的保障性住区的标志性节点、空间与人群活动进行拍照收集，然后结合安全感、归属感、可识别性、审美倾向及使用倾向等主观意象设置照片评价问题，从而了解住户意象选择与实际建成环境的关系，为未来再设计提供参考。

4.1.4.1 可意象性照片评价图片选取

（一）安全感和归属感

小区在意象研究层面上存在领域范围，当然人们进入这个领域后会产生归属感和安全感。安全感和归属感在人们从进入小区到最终进入住宅内部的过程中感受逐步加深，小区大门—各单元楼栋的大门—各住户的门口，通过层层加深的感受让住户在回"家"的过程中，从开放领域逐渐进入私密领域。一个良好的保障性住区要满足住户的安全感和归属感，那首先就要了解住户对这三道关卡的主观意象。

（1）小区主入口：根据笔者所调研小区进行整理归纳，抽象出了4种较典型的小区入口模式（图4-22）。图4-22a封闭等级最高，分设人车两个入口，人行入口需要刷卡或者登记进入；图4-22b与第一种相似，也采用人车分流设置，但车行通道采用挡杆形式，人行通道也是开放的刷卡闸门；图4-22c紧邻城市主干道布置，设置铁门和安保，人车进入小区共用出入口；图4-22d是半开放式入口形式，不设置刷卡门闸，只设置保安亭，以挡车杆限制车辆进入。

图 4-22 小区主入口照片评价选项

（2）大堂入口：笔者通过调研广州、深圳、东莞、珠海等岭南代表性城市归纳选取几种主要的入户形式。首先根据设计要点分为架空及不架空的形式：不架空的住户空间一般需要设置挑出雨棚（以深圳松坪村为例），以强调入口感觉并保证安全（图 4-23a）；架空形式大堂又有在架空层内部解决高差（多存在于首层架空层空间较紧凑的户型，以东莞雅园新村保障性住房为例）（图 4-23b），以及在架空层与外部环境交界处解决高差两类。而大堂围合材质又有以实墙为主（以安厦花园为例）（图 4-23c）及以玻璃透光材质为主（以芳和花园为例）（图 4-23d）两类。

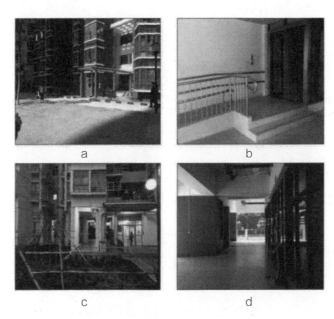

图 4-23　小区大堂入口照片评价选项

（3）入户空间：在入户空间上，主要可以分为全封闭、半封闭和敞开三类（图 4-24），而半封闭既有采光的入户空间或电梯间，又可根据电梯至各户门口长度分为长走廊形式和短走廊形式。由于各栋单体的采光方向及所拍摄时间有区别，在研究住户意象上，除长走廊在不借助人工照明时本身亮度较低外，笔者均选择人工照明或是自然采光后亮度相近的图片给住户辨认，降低照片亮度因素所造成的判断偏差（图 4-25）。

a. 封闭式入户平面　　　　b. 半封闭入户平面　　　　c. 开敞式入户平面

图 4-24　不同类型的小区入户空间对应平面

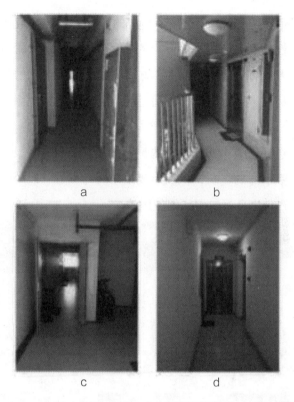

图 4-25　小区入户空间照片评价选项

（二）可识别性和审美意象

居住在一个小区内，住户会要求所处环境有基本的识别性，这能让住户分辨出自己的住处及自身所在空间的方位，从而认知环境的空间组织模式及规律，这样一方面能增加对小区的熟悉感和印象，另一方面则能让住户产生去使用某些空间的倾向，并形成便捷的路径。小区环境的可识别性也影响着居民对小区的认同感和归属感，一个具备良好识别性的空间或者标志物能大幅提升住户交往的机会，形成聚集性场所。

住区审美意象是影响住户对小区认同感和居住舒适感的另一大因素，小区环境及外观的优美能让住户产生愉悦的感受，提升居住品质，从而提升居民幸福感和满足感。

（1）小区可识别性中心。一个小区的外环境要被住户认可，就必须有具备可识别性的景观场所，一个具备特色、使用便利的景观或场所将对住户产生吸引力，要设计成功的住区场所，就要将大尺度的环境化整为零，拆分成多种多样的小尺度空间，并通过必要的联系将这一系列的场所有机地组织起来[76]。在进行住户意象调研中，笔者选取了多处有代表性的景观或场所给住户选择（图4-26），目的是希望在未来的小区景观规划中优先考虑具备核心吸引力的场所，从而形成以景观为核心、以一带多的综合景观系统，给住户带来良好、便利的使用感受。

图4-26　小区中心景观识别性照片评价选项

（2）造型风格。建筑的立面色彩和风格是住户在外观上对小区的整体感受，哪种风格在保障性住房住户心目中能产生最高的认可度，受众面最广，那在今后的设计中也应当纳入设计师的考虑范围。保障性住房由于受成本严控，如何在低成本的约束下寻找美观与经济的平衡点，也是值得探讨的重点。笔者研究了近 20 个岭南地区保障性住房的外观后，归纳出目前较常见的四种风格：①简欧风格（以龙归城、瑞东花园、亨元花园为例），这类风格建筑以黄褐色为基调，较为沉稳，立面上多采用低成本可以实现的色彩分段，线脚装饰很少，屋顶以简单的坡屋顶为主（图 4-27a）。②符号元素风格（以广氮花园为例），这类建筑为了追求独有的建筑形象，在立面上进行肌理尝试，视觉上辨识度高、韵律感强，但不一定被住户认可（图 4-27b）。③岭南风格（以芳和花园、安厦花园、泽德花苑为例）这类建筑多以浅色简洁的建筑外观呈现，在建筑顶部以有岭南特色的山墙修饰，形象辨识度较高，具有岭南特色（图 4-27c）。④现代风格（以深圳市松坪村、深云村为例）这类保障性住房以浅色调为主，立面简洁现代，以功能性线条为主，辅以颜色或者细部节奏的变化，控制成本，强调简约美（图 4-27d）。

a. 简欧风格　　　　　　　　　　　　b. 符号元素风格

c. 岭南风格　　　　　　　　　　　　d. 现代风格

图 4-27　小区风格照片评价选项

4.1.4.2 场所与交往

住区意象存在着三个尺度的认知，而场所几乎涵盖了社区内所有交往行为的发生。而社区的场所又有封闭场所与开放场所之分。封闭场所一般为住宅内部及各类活动室、阅览室等，产生的交往行为较为局部或者较为私密，而本书更关注的是产生邻里交往的空间场所，这部分场所包含了开放式的社区花园、休憩设施，也有具备一定私密性的架空层活动空间、空中花园或活动平台等。

（一）场所停留倾向

笔者对场所停留倾向的研究主要是针对住户心理的研究。笔者按照小区公共空间的私密层级进行分级，分为开敞户外、半私密户外、户外集中休憩设施、架空层空间、空中平台及入户空间六大部分，这些空间私密层级逐渐提高，空间规模也逐渐缩小，所指向使用人群的基数越来越小，住户人群物理亲密度越来越高，目的是研究空间私密度与住户交往倾向的关联性。开敞户外以广氮花园为例，选取的是无遮盖设施的入口广场的休息座椅作为认知图片（图4-28a）；半私密户外空间以深圳桃源村为例，选取其社区花园内四周有绿植及景墙作遮挡的休憩座椅为认知图片（图4-28b）；户外集中式休憩设施以泽德花苑为例，选取有盖顶的木质休息亭为认知图片（图4-28c）；架空层空间以芳和花园为例，选取的是开阔通透的、有大量住户聚集打牌的架空层空间为认知图片（图4-28d）；空中平台以瑞东花园为例，选取的是廉租房隔3层设置一处的活动平台作为认知图片（图4-28e）；入户空间以深云村为例，选取的是开敞式入户走廊为认知图片（图4-28f）。

a. 休息座椅　　　　　b. 休憩座椅　　　　　c. 木质休息亭

d. 架空层空间　　　　e. 活动平台　　　　　f. 开敞式入户走廊

图 4-28　小区交往场所倾向照片评价选项

（二）架空层与交往选择

　　岭南保障性住房作为岭南地区居住区的组成部分，大部分也采用了适应岭南地区住宅常用的形式——首层架空。对架空层空间的研究在岭南地区的环境下也具有特殊意义，如何合理利用架空层空间对户外有限的活动场地进行必要的补充，如何合理利用架空层空间改善户外场所气候适应性较弱等问题是笔者想要研究的重点。照片评价选取了四处较具代表性的架空层空间，了解用户交往倾向与架空层布置之间的关系，图 4-29a 是芳和花园架空层，架空层开敞，住户自发聚集进行棋牌活动；图 4-29b 是泽德花苑架空层，由剪力墙围合成半私密的交往场所；图 4-29c 是深圳桃源村保障性住房架空层，其布置了石桌石凳和儿童活动设施；图 4-29d 是深圳桃源村项目，其剪力墙较长，架空层视野存在遮挡，但由于其架空层进深小，采光较好，在架空层内种植了绿植。

a. 芳和花园架空层

b. 泽德花苑架空层

c. 深圳桃源村保障性住房架空层

d. 深圳桃源村项目架空层

图 4-29　小区架空层停留倾向照片评价选项

4.1.5 可意象性照片评价统计分析

4.1.5.1 调查实施

调查实施与可意象性问卷调查同步进行，以广州市广氮花园、泽德花苑、芳和花园为主，结合深圳市项目发放认知意象图片调查问卷，共发出问卷 112 份，回收问卷 107 份，回收率为 95.5%，排除敷衍回答及回答不全的问卷后，实得有效问卷 92 份，有效率为 85.98%。其中，各住区住户人员分布比例及男女比例、住户居住类型及住户家庭成员数、住户居住年限及住户年龄分布统计如图 4-30 至图 4-32 所示。

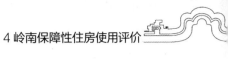

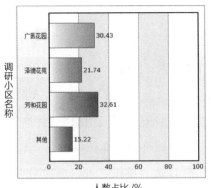

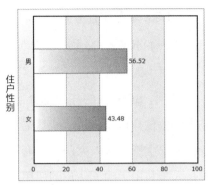

图 4-30　调研小区人员分布及住户男女比例

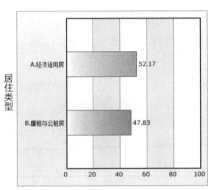

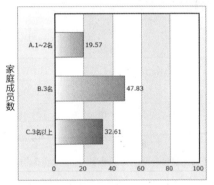

图 4-31　住户居住类型及住户家庭成员数

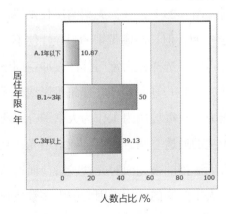

图 4-32　住户居住年限及住户年龄分布

4.1.5.2 单题统计分析

（一）小区入口倾向

在对小区主入口进行意象照片评价时（图 4-22），43.48% 的住户选择了 B 选项，36.96% 的住户选择了 A 选项，这证明人车分流的主入口形式被大多数住户认可，进入小区需要门禁，并且安排保安值班能给住户带来较强的安全感，进入大门后能有"家"的领域感受。而选项 C 形式较为简单，人车共用影响了住户的使用感受，而 D 边界模糊，入口形式不明确，无法给住户带来关卡的感受，住户身份与外来人员无法区别，认可度最低。具体如表 4-33 所示。

表 4-33　小区入口意象照片评价统计

选项	小计 / 人	比例 /%
A	34	36.96
B	40	43.48
C	14	15.22
D	4	4.35

A, 36.96%
D, 4.35%
C, 15.22%
B, 43.48%

（二）大堂入口安全感和归属感

在对小区大堂入口的照片评价时（图 4-23），选择无架空层长雨棚进入的住户为 32.61%，虽然没有架空层空间，但长雨棚带来的引导性使不少住户产生了归属感；而在架空层设计当中，选择在大堂门外的缓冲空间解决室内外高差的住户只占 13.04%，大部分住户还是希望在建筑投影线外或是架空层前区处理高差，而在以实墙为主及以玻璃为主作为大堂围合材质的选择时，住户大部分选择以玻璃为主的通透空间，原因是架空层光线较暗，如果大堂不借助人工照明又没有无遮挡的采光面时光线较暗，而通透的大堂能在白天允许阳光进入，减少人工照明的使用，因此被大多数住户认可。具体如表 4-34 所示。

表 4-34　大堂入口意象照片评价统计

选项	小计 / 人	比例 /%
A	30	32.61
B	12	13.04
C	22	23.91
D	28	30.43

B, 13.04%　A, 32.61%
D, 30.43%　C, 23.91%

（三）入户空间安全感和归属感

在问及入户空间的安全感和归属感时，63.04% 的住户选择开放式入户空间，这样的入户空间无论采光和通风都较有利，明亮的入户走廊也可能成为邻里发生交往的场所，部分住户不认可的原因主要是安全因素和气候因素，雨天和冬季可能会影响使用舒适度。其余大部分住户选择了短走廊半封闭入户空间，这类形式在目前保障性住房中较常见，入户公共空间有自然采光，而且不会存在过暗的死角，在消防设计上也相对便利。而半封闭的长走廊常见于联排式的廉租房户型，如果没有局部开放的集中式采光，这类空间不借助内部照明会产生较多暗角，让住户的安全感受到影响。而封闭式的入户空间必须借助人工照明，并且通风也较差，住户认可度较低。具体如表 4-35 所示。

表 4-35　入户空间意象照片评价统计

选项	小计 / 人	比例 /%
A	8	8.7
B	58	63.04
C	18	19.57
D	8	8.7

B, 63.04%　A, 8.7%
D, 8.7%
C, 19.57%

在对小区景观或场所可识别性上的调查时，开阔广场及休憩亭的可识别性最高，其次选择儿童活动设施和绿化景观作为可识别性场所的住户也占 1/3。而将景墙或运动场地作为小区核心的认可度较低（表4-36）。笔者分析，住户认可的小区核心与场所的人员密集程度有关，除了运动场地这类有明确时段性的场所。因此，小区的核心区域应该以容纳和吸引更多的人停留为目的，而不应讨论具体的功能或者类别，如果创造的核心场所能被大部分住户所使用，那么它就具备了较高的可识别性，而结合景观混合布置的场所比单一布置或单一功能的场所更能吸引群众。

表4-36　中心景观识别性意象照片评价统计

选项	小计 / 人	比例 /%
A	37	40.22
B	24	26.09
C	29	31.52
D	33	35.87
E	20	21.74
F	15	16.30
G	28	30.43
H	23	25.00

（四）建筑风格和审美倾向

在建筑风格和审美倾向上，住户较多选择简欧风格和岭南风格，简欧风格在外观上比较沉稳，色调较高雅；而岭南风格则被部分小区住户所褒奖，有住户表示这能使他产生地域认同感，而且建筑顶部的岭南符号让小区的整体识别性提升。相比这二者，个性强烈的符号元素风格使住户的评价产生两极分化。笔者认为保障性住房不应作为体现设计师强烈个性的公共建筑，如果太特立独行虽然会获得部分住户认可，但也会给大部分住户会造成视觉不适，识别性虽强，但受众面窄。而现代风格在低年龄段调研对象中受欢迎程度较高，也可作为未来保障性住房发展的参考方向。具体如表4-37所示。

表4-37　建筑风格与审美倾向照片评价统计

选项	小计 / 人	比例 /%
A	36	39.13
B	16	17.39
C	38	41.30
D	28	30.43

B, 17.39%　A, 39.13%
C, 41.30%　D, 30.43%

（五）场所停留倾向

在研究住户交往场所选择倾向时，58.7%的住户选择了休息亭，这类向心聚集空间能让住户之间产生视觉交流，并且还具备一定气候适应性，能起到遮阴挡雨的作用，因此创造有一定气候适应性的向心式交往空间是在住区景观设计上创新和研究的重点；另有52.17%的住户选择私密户外，是选择开敞户外的两倍，这说明有一定私密性的户外休息场所是住户的理想交往场所，未来在创造社区交往场所时，应当考虑住户的心理需求，结合景观手段来设计交往空间，让户外大部分交往空间有一定私密性；另外选择架空层空间的住户为39.13%，这说明架空层已成为岭南地区保障性住区交往发生的重要场所，对架空层的合理利用和布置，创造更多交往可能性，也是设计者应该考虑的问题；相比之下，住户对入户空间、空中平台等场所的交往倾向较低，主要是住户对此类空间的熟悉度较低，大部分人没有使用经验，认知意识里没有对应的场景，但这类场所是具备交往条件的，在未来的设计中合理考虑这些空间也许能改变住户的认知及使用倾向。具体如表4-38所示。

表4-38　交往场所倾向照片评价统计

选项	小计 / 人	比例 /%
A	22	23.91
B	48	52.17
C	54	58.70
D	4	4.35
E	36	39.13
F	8	8.70

B, 52.17%　A, 23.91%
C, 58.7%　F, 8.7%
D, 4.35%　E, 39.13%

（六）架空层与交往

在研究住户对架空层的照片评价选择时，41.3% 的住户选择了桃源村的架空层作为理想交往空间，主要原因是其架空层集合了多种功能，整合了休憩座椅与儿童活动区，创造了有一定功能性的停留场所（图 4-33）。而另外被较多住户选择的是芳和花园的架空层，这类架空层开敞通透，环境条件较好，但其内主要是住户自发形成的活动区域，没有在设计层面考虑活动类别（图 4-34）。而相比这二者，纯粹布置休息座椅或者绿植的紧凑型架空层空间在用户意象中认可度较低。具体如表 4-39 所示。

表 4-39　架空空间停留倾向照片评价统计

选项	小计 / 人	比例 /%
A	30	32.61
B	18	19.57
C	38	41.30
D	6	6.52

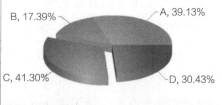

图 4-33　深圳桃源村保障性住房项目架空层

图 4-34　芳和花园架空层与住户活动

4.1.5.3 交叉分析

（一）在不同小区进行照片评价调研时，各小区住户在某些照片评价上存在较大的意象差异

（1）如图 4-35 所示，在主入口的选择倾向上，芳和花园住户倾向于以广氮花园为例的入口意象，而广氮花园住户则倾向以芳和花园入口为例的入口意象。主要原因是住户对自己小区的认可度有主观评判干扰，所以当类型相似时更倾向选择其他小区的图片。

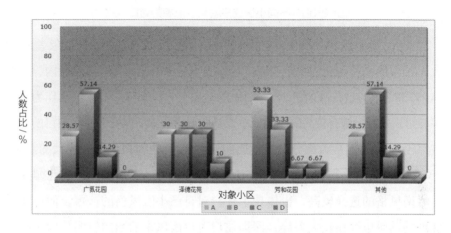

图 4-35　不同小区住户对入口意象的对比选择

（2）如图 4-36 所示，在架空层空间的图片意象选择上，芳和花园住户选择自己小区的意象图片占 53.33%，这一方面反映了芳和花园住户对自己小区架空层空间的充分认可，另一方面也反映了架空层空间的图片意象与实际感受的差距，图片只能反映空间的大小、形式及外观，而对空间中发生的活动及形成的生活氛围不能让未亲身经历过的住户产生共鸣，具有一定的局限性。

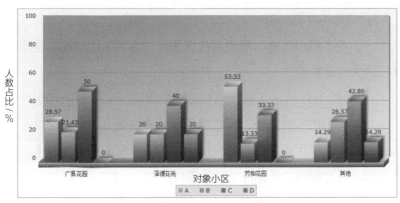

图 4-36　不同小区住户对架空意象的对比选择

（3）在小区中心可识别性场所的问题上，各小区住户意象差距较大，70% 的泽德花苑住户希望以广场作为小区中心，而在广氮花园内，只有14.29% 的住户选择；而在广、深两地的对比上，深圳住户对风雨廊作为小区中心可识别性设施有较高的倾向，主要是所调研的深圳保障性住房项目的外环境都较为开阔，而且大部分没有连通的架空层，所以对风雨廊有较大的需求。

（4）如图 4-37 所示，在建筑风格的意象图片识别上，芳和花园住户对岭南风格的选择较高，也体现了住户对自己小区风格的认可。而广州及深圳的调研也存在较大差异，深圳住户对岭南风格的倾向较弱，而简欧风格在不同地区及项目的住户中倾向比例相似，较具普适性。

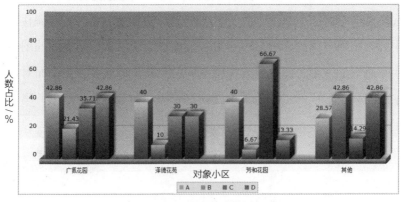

图 4-37　不同小区住户对小区风格的对比选择

（5）如图4-38所示，不同小区住户对于交往场所的倾向也有所区别，但都主要集中在私密户外和集中式休息设施上，而深圳住户对架空层空间和空中平台的认可度较高，主要原因是住户对新场所的接受能力较强，而广州住户大多为老年人，还是倾向于传统的居住方式。

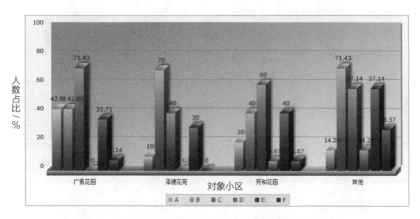

图4-38 不同小区住户对交往场所倾向的对比选择

（二）住户的年龄、居住类型在某些认知意象上也存在着较大差异

（1）经济适用房住户在小区中心的选择上对开阔广场的倾向较高，而廉租户对各类场所的倾向则相对平均，如图4-39所示；同样在对架空层空间的选择上，经济适用房住户有明显的主观倾向，而廉租房住户对架空层空间的选择也相对平均，如图4-40所示。这主要是由廉租户和经济适用房住户的生活习性差异所造成的。廉租户在休息时对社区花园及架空层空间的使用较少，对小区外环境的敏感度不高，更在意的是户型的实用性，因此小区外部公共空间的区别对廉租房住户的影响较弱。

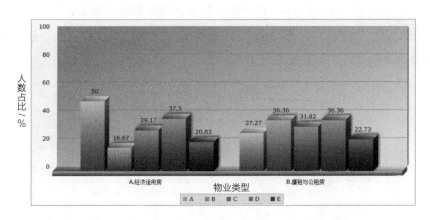

图4-39　廉租户和经济适用房住户对小区中心倾向区别

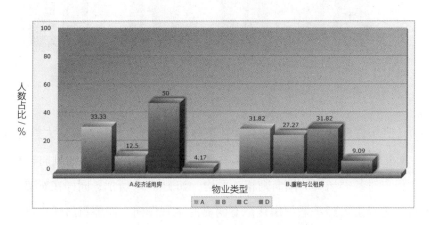

图4-40　廉租户和经济适用房住户对架空层空间倾向区别

（2）在建筑风格倾向上，廉租户对住宅的外观主观选择不及经济适用房住户强烈，因此以广氮花园为例的符号元素风格也被不少廉租房用户选择；而经济适用房用户则更希望自己住宅的不要太过张扬，简洁美观即可。

（3）不同年龄段的住户小区大堂形式的选择区别较大，35岁以下的住户倾向于无架空而有外挑雨棚的单元入口，而35岁以上住户则较多选择大堂设置在架空层的形式。

（4）不同年龄段的住户对架空层意象的选择也有明显区别，中青年人选择以儿童活动设施及休息设施组合而成的架空层空间意象，而 35 岁以上住户更多倾向于开阔的可以自由安排活动的架空层意象。

（5）25 岁以下住户及 50 岁以上住户认为，以休息亭作为小区中心识别性更高，而 50 岁以上住户对绿化景观有着较高的选择率，开阔广场在各年龄段住户中都有较高的被选率。

（6）在建筑风格选择上，低年龄段住户主要倾向岭南风格和现代风格，而中高年龄段住户中简欧风格和岭南风格是主流倾向。

（7）在对各类交往空间意象倾向调查中发现，对架空层的交往选择率根据年龄显著递增趋势，而集中式休息空间在各年龄段都有较高认可率。而如空中平台此类形式较新的场所主要被 25 岁以下住户群体所接受，具体如图 4-41 所示。

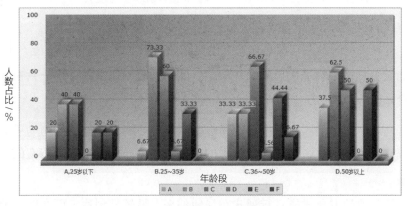

图 4-41　不同年龄段住户对交往场所倾向区别

4.1.6 小结

第一，本节通过文献研究及相关理论准备确定了研究路线。通过现场走访、系统式抽样进行半结构问卷、开放式问题、心理地图及照片评价四大板块的调研，最终完成研究设计。

第二，通过对住户认知地图的调查研究，了解住户意象的集中关注点。

第三，通过对 3 个不同住区的住户意象感受的半结构问卷调查，笔者归纳出影响住户感受的八个要点。

①住户在入住新建保障性住区以后，幸福感的提升较为明显，而满足感的提升较弱。安全感和归属感则与各小区整体感受紧密相关。

②小区的交通便捷、周边生活服务资源齐备等区位因素是提升住户各类感受的最关键因素。

③小区边界是否封闭是影响安全感的硬要素，小区安保管理的严格与否是影响安全感的软要素。只有软硬要素都具备时，安全感的提升才较明显。

④住区归属感与住区的人、物、境相关。住区附近的交通节点及小区门禁是领域感的提示物，而住区的环境及外在形象是产生归属感的物质基础，住区内住户的交往频率及住户对住区活动的参与度是住户产生归属感的内在动力。

⑤社区花园及架空层是住户发生交往的核心场所，良好的环境、布局、功能设置直接影响了住户的交往频率，能起到改善住户间关系、营造和谐邻里氛围的作用。

⑥交通的便利性影响住户的出行时间及生活成本，从而影响满足感和幸福感，新规划片区交通不便带来的"孤岛效应"是住户感受转变的重要因素。

⑦简单的围合式或者行列式布局使外来人员较易到达，而在同一地块布置多排行列式布局会导致首次造访的不便利。

⑧住区景观与各类活动功能相结合能最大限度地发挥土地的利用率，满足住户的活动需求，从而提升满足感和幸福感。

第四，通过对 3 个不同住区住户开放问题的调查，笔者了解到住户的心理倾向。

①围合式布局小区住户对小区中心的判断一般以围合花园内具有独立

标志性的装置景观作为参考，若识别性不足则以花园本身代替。而有轴线或有明确入口广场的项目，入口部分对应的景观或广场则较多被住户认为是地理中心。

②可识别性场所除了本身具有一定的外观特点，能产生视觉焦点外，最好能发生特定活动，产生人的聚集。住户无法参与的景观可识别性较低。

③小区环境、生活便利是能让住户产生深刻印象的积极因素。而安全和卫生的管理缺失、活动场地的匮乏则会使住户产生消极印象。

④市场和超市在周边生活服务设施中使用群体较广，重要性较高，教育、医疗等资源则根据住户家庭状况，重要程度不一。

第五，通过对不同住区及不同地区住户的意象照片评价调查，笔者获得了住户心理图片意象与现实环境的关联。

①人车分流的主入口是大多数住户的选择，而严格的门禁和安保能给住户带来较强的安全感。

②引导性强的大堂入口能产生归属感，而在架空层空间设置大堂则应注意围合材质的通透采光。

③入户空间在户型设计允许下住户更倾向开放形式，这样不但能有良好的采光及通风效果，还能作为邻里之间的小型交往场所。而在户型不允许的情况下，应考虑公共空间的采光，并避免走道过长。

④将人流聚集的场所作为小区中心的识别性较高，组合多种功能的广场能吸引不同年龄段的住户，而集中休息或运动设施则应成为小区的次级节点。

⑤在可能的情况下，尽量保证架空层空间的开敞通透，减少柱子的干扰能创造多种活动的可能性。在柱网结构无法改变形成开敞架空层空间的情况下，可以考虑将休息区与特定活动功能相结合，丰富架空层空间，创造局部活动场所。

⑥在建筑风格倾向上，应尽量避免个性太强烈的设计。简欧风格受众

面广，适用于不同的地区，而岭南风格在广州地区有较高的认可度，能够体现岭南特色。而在深圳等地大多住户选择现代风格，其同时在年轻住户中倾向较高。

⑦基层的交往空间仍然是大多数住户的选择，具备一定私密性的户外或者架空层空间相比无遮掩的开放式场所在南方地区更实用、合理。而体现岭南地区一大特点的架空层空间也是住户发生交往活动的重要场所。由建筑师创造的空中平台或开放式入户空间的交往意义值得继续研究探讨。

4.2 住房相对舒适性评价

纵观住房保障起步较早的国家和地区，在对待公共住宅舒适性的问题上给予的都是较为积极的回应，如美国政府在公共住房建设初期就提供了"廉价、卫生、符合标准"[77]的公共住房；新加坡组屋则在西方住区规划理念影响下经历了从功能出发的邻里中心模式—从人文出发的棋盘模式—新城市主义的21世纪发展模式的变迁。我国香港、澳门等地的低收入者住宅标准的发展也都呈现了同样一个趋势，就是在满足数量的前提下，低收入者住宅的品质越来越得到重视，质与量的双重保证才是保障性住房未来发展的方向。

政府保障性意图的核心的目的是要改善低收入者的居住环境，本身这一立意点就已经肯定了保障性住房必须具备一定的居住品质。而我国经济在飞速发展，人们的总体生活水平也在不断提高，居住问题已经不仅局限于早期单纯地保证数量，居住舒适性、生活便利性、邻里交往等也在现代住区中越来越成为关注的重点。因此，为顺应发展的趋势，有必要对低收入者居住舒适性问题进行深入的研究。

4.2.1 舒适性评价先导研究

4.2.1.1 舒适性的概念与组成

"舒适"一词在《辞海》中被解释为"舒服、安逸"。宋代诗人苏轼的《睡乡记》中有"其人安恬舒适，无疾痛札疠"；现代诗人巴金的《神·鬼·人》中有"在这里我过得很舒适"。由此可见，"舒适"是人的主观感受，是一个因人而异且很难量化的概念，是从人的需求出发的。

根据相关文献对"舒适性"的释义，"舒适性"可定义为使用者所处环境对其心理和生理上的满足程度。"舒适性评价"则是人们对其所处环境进行心理和生理满意程度的综合评价。

世界卫生组织（WHO）在 1961 年给予"舒适性"的定义是"充分保证环境美观、身心放松"。日本学者浅见泰司[78]对环境的舒适性给出了"人们感到乐于身处其中"的解释。这都表明"舒适"并不局限在物理层面，更有在心理、精神层面的体现。一个舒适的环境不仅需要满足使用者身体上的感受，对精神需求的满足也同样重要。

4.2.1.2 舒适性评价体系类别及属性

（一）物理舒适性评价

根据前文的舒适性评价的先导研究，我国目前对住宅物理环境的舒适性量化评判标准由高至低可依次划分为"3A""2A""1A"三个等级（表4-40），其中"3A"是高舒适性住宅[43]。

表 4-40　套型使用性能的量化表

适用住宅类型	量化深度	量化依据
廉租性套型	1A 以下	《城市住宅建设标准》
适用性套型	1A	《商品住宅性能评定方法和指标体系（试行）》
舒适性套型	2A	
享受性套型	3A	

（二）环境舒适性评价

环境舒适性（amenity）评价又称健康度评价，其与单纯从声、光、热等物理层面进行研究的"舒适度"（comfort）相区别。"amenity"也可译作"宜人"，而此类舒适性的研究，在国内乃至国外已有许多研究先例。

常怀生[20]初步提出了涵盖四点的舒适性主题相关评价，包括：①生理欲求系的环境因素；②安全欲求系的环境因素；③圆满的人际关系欲求系的环境因素；④自我实现欲求系的环境因素。

朱小雷[40]则主张从多个层次同时考虑舒适性评价因素。例如：物质舒适要素、物理环境等舒适客观条件，感知意义上的空间和实体要素，还要考虑与人的情绪、价值取向、态度、认知等心理环境有关的舒适性要素，安全管理、私密感、文化氛围等也被归纳为舒适性相关评价因子。

此外，国内不少其他学者也对住区环境的舒适性进行了研究（表4-41）。例如：黄杰能[79]通过实例分析研究对比和建立模型用软件模拟的方法，对高层住宅公共空间的布局形式及影响楼层电梯间公共空间的舒适性进行研究；张小波从环境心理学、行为学、热工学等理论层面进行研究，研究住区的日照环境、风环境、声环境、景观环境、归属感、领域感；孔维东[82]认为，影响社区舒适度的三个主要因素为社区人口规模、社区生态居住环境及社区人文环境与心理环境，并在社区人口规模理论研究的基础上，从人的生理需求和心理需求两个角度对社区居住舒适度进行深入探讨；何珏[43]从物理环境与建筑空间两个角度，通过住户的使用舒适度评价数据分析，研究总结出超高层独有特性对住宅舒适度产生最大影响的三个问题，分别是防风抗噪、交通空间的不便与交往空间的缺失。

表 4-41　国内舒适性评价研究案例

研究类别	研究主题	研究内容及方法	研究者
物质环境舒适研究	南方地区高层住宅楼层公共空间舒适性实例研究	通过实例分析研究对比和建立模型用软件模拟，对楼层公共空间的不同形式和布局，以及楼层公共空间的采光、热舒适性等的影响效应和作用进行分析	黄杰能[79]
	教学楼风环境和自然通风教室数值模拟	利用 CFD 法分析风向及间距对教学楼自然通风的影响，对教室内学生的舒适性做出评价	龚波[80]
	中庭建筑的通风和热舒适	利用 Ecotect 和 Airpak 软件模拟自然通风，分析其对中庭室内热舒适性的影响	赵蓓[81]
评价方法	指数评价法应用	根据李克特量表建立舒适度评价指数，从职员及顾客角度对银行营业厅舒适性进行评价	朱小雷[41]
	社区环境舒适度评价因素	结合住区的绿化、声、水、光、热、气等物理环境因素及社区交往、社区归属感、社区特性等方面，建立社区舒适度评价指标表	孔维东[82]
	舒适度指标模糊综合评价分析	采用模糊综合评价方法建立住宅光环境舒适度的评价模型	胡晓倩等[83]
设计研究及研究调查	基本居住单元舒适度	结合室内心理、物理、视觉、行为、环境感受及室内陈设和设施等，建立舒适指标集	尹朝晖[13]
	环境舒适度度量及环保对策	用灰色关联分析法和灰色预测法，划分出自然环境、经济环境、社会环境、使用者四个层次的舒适性系统，建立舒适度指数灰色预测模型	杜婷[84]
	基于病理学的特殊人群舒适度研究	根据建筑病理学理论建立评价模型，对传统民居建筑、居民居住舒适性和使用健康度进行调查分析	赵晨[85]
	城市人居环境	用统计调查法对硬环境及软环境进行评价，最终建立城市人居环境舒适度评价的基本框架	郭海燕等[86]

　　日本学者浅见泰司[78]则总结归纳出生活环境舒适性的五大层面：①空间性能与地区的空间结构；②绿化与开敞空间；③地区的生活文化和历史——生活情景；④地域活动和土地利用——混合与多样性；⑤环境价值的共享与基于环境管理的稳定聚居形式。

4.2.2 舒适性适度准则研究

　　"舒适度"是对舒适性的量化表达，"度"即"适用性能的量化"，"居住舒适度"是在有关住宅性能的描述中高频出现的术语。

"相对舒适性"是有别于一般舒适性的有上限范围的"舒适性"。鉴于保障性住房的特殊性，保障性住房住户不能无限地追求舒适度，而只能在限定范围内实现舒适度的最大化。而为了确定这一尺度，必须深入了解住户的根本需求，结合专家的经验意见，深层次分析政府的保障性意图，最终结合马斯洛需求层次理论加权后分析得出。

　　保障性住房是一种过渡性住房的保障措施，是安全性和生存性的保障，但保障性住房在居住标准较低的情况下，仍应具有合理的住宅功能布局，保证住宅的使用方便，满足基本的生理需求，同时还应使居民产生一定的幸福感、满足感和归属感。同时，保障性住房又是由政府出资建设的公益项目，一方面成本受到严格控制，另一方面若过分追求舒适，可能导致居住者产生"赖居"的现象，影响商品房消费群体的心理平衡，阻碍社会公平的实现。因此，保障性住房设计的关键问题就是解决经济性与舒适性的矛盾，保障性住房的舒适度不能过分，但也不能忽视基本的舒适、便利，只有把握恰当的舒适尺度，才能做到既体现社会关怀，又注重社会公平，这也是政府统一住户、社会保障性意图的内在要求，对保证住房市场机制的良性运作和维护社会和谐有着重要意义。

　　关于保障性住房的舒适尺度的把握，国内也有不少学者提出了相关观点。李钊等提出保障性住房设计的关键问题是解决经济性与舒适性的矛盾，即在降低建筑能耗、节约资源、控制建筑造价和降低运行成本的前提下，提高使用者的生活品质，满足保障性住房的舒适性要求。张占录参考香港经济适用房，对我国保障性住房过分舒适的设计提出了质疑，他提出保障性住房应在保证基本功能和建筑质量的基础上，尽量减少一些档次较高的功能或用材。胡琳琳则提出不应在现阶段过分强调保障性住房的居住舒适度，使得群众对保障性住房的期望值过高。

　　当然，保障性住房作为住宅的一种特殊类别，需要满足住户基本的舒适要求，在这方面国内部分学者也已从各个视角研究了保障性住房的舒适性。宋蕾在研究中低收入者的住宅需求后提出，对小套型居住环境的适应性和相对舒适性设计。刘婷强调，廉租住宅不等于低品质住宅，作为设计人员应该致力于提高廉租房的相对舒适性，并借鉴香港公屋的经验来试图提高保障性住房的舒适性和适应性。丁成祥则强调，除了保障性住房户内空间的舒适性，交通组织、环境设计也应列入保障性住房舒适性设计的重点。武振则在借鉴研究日本住宅设计的方案后提出，在保障性住房设计工业化、标准化的同时，追求住房的舒适度。

4.2.2.1 保障性住房社会定位调查

保障性住房是指政府在对低收入家庭实行分类保障过程中所提供的限定供应对象、建设标准、销售价格或租金标准，具有社会保障性质的住房。主要包括廉租房、公共租赁房、经济适用房三类。

站在宏观经济角度上看，房地产业具有关联度大、带动性强、产业链长的特点。它有着其他行业无法比拟的优势。同样作为房地产的产品，保障性住房具有公共产品的性质，它属于准公共产品，而商品房则属于特殊商品。

站在社会决策者政府的角度上看，社会住房体系包含保障性住房与商品房两大组成部分，各有不同的作用。保障性住房的功能侧重于住房最终的目的——为特定人群提供住房保障。其建设的目的不是获利，而在于"保障"：保障性住房是一种"必需品"，是为特定人群提供的"住的保障"，借此在某种程度上实现社会公平，并保障社会稳定。

因此，只有明确了政府与市场各自在保障性住房领域中的角色与定位，使政府和市场这两种资源配置机制扬长避短、相互补充和相互促进，才能实现保障性住房资源的有效配置。

4.2.2.2 保障性住房住户需求与舒适需求分析

研究保障性住房的住户需求是确定舒适性评价因子库的前提，通过前期的文献调研及数据查阅，笔者了解到了低收入家庭住房需求的一些特点：

（一）低收入家庭希望就近居住，希望靠近自己的原居住区域

根据文献研究的调查结果，低收入人群在保障性住房项目的选择上大多倾向在原居住区域附近，其中老城区住户的意愿最为强烈。其原因主要有如下三点：首先，原居住地一般周边的生活服务设施配套齐全，居民已经形成较固定的行为习惯，这些成熟、完善的交通系统及生活配套设施成了居民生活的保障。其次，居住者的居住点与就业地点邻近，居住与工作结合紧密，时间成本低，因此对保障性住区的选择上居民也希望靠近他们工作的地点。最后，低收入人群一般在原居住地居住时间较长，已经形成了相对固定的人际关系，对周边的环境、居住氛围和邻里产生了情感，如果要入住保障性社区，居住归属感和社区融入感就要重新培养。

（二）半数以上低收入家庭希望以租赁形式改善居住条件

由于目前政府的保障性住房政策只有用以出售的经济适用房和用以出租的廉租房两种方式，而这些方式无法满足处于夹心层的低收入居民的需求（图4-42），因此如何完善保障方式，让夹心层住户也享有住房保障，扩大住房保障覆盖面，是迫切需要研究的问题。

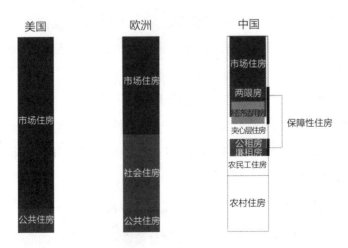

图4-42　住房供应体制和社会住房覆盖情况对比示意图（图中色块不反映比例关系）

（三）住户对最小户型的要求均为两房

在对住户的调查中，租赁住户和购买住户都希望最小户型至少为两房，住户表示两居室才能更好地保障行为私密性和生活便利性。

（四）特殊住户群体比例高，要特别照顾此类人群的需求

调查显示，住户中残疾、重症、单亲、精神疾病的人群占有一定的比例，这些住户大多难以谋生或生活无法自理，因此保障性住房应体现对这类人群的关怀，设置无障碍设施，并考虑照顾此类人群的便利性，将社会保障与住房保障相结合，让特殊人群得到照顾。

落实到具体的舒适需求上，笔者在对住户群体进行分析及实地走访调研后，将低收入人群在空间范围上的舒适需求划分为三个层面。

首先，对户内空间的舒适需求。户内空间是住户使用频率最高、私密层级最高的空间，是完全属于住户家庭所有的。因此，住户普遍认为这部分空间的舒适性要求最为重要。户内空间的舒适又包括物理舒适和使用舒适，物理舒适主要是指面积、户内通风及声光热、空气质量等物理因素，而使用舒适主要体现在户型布置和各类空间的使用便利等。

其次，公共空间的舒适需求。公共空间是住户群体的共享空间，具有一定的独立性，是邻里交往及产生社区领域感、归属感的场所。对外部人群而言，公共空间是独立的被住户群体所使用的具有相对私密性的空间；而对住户群体而言，公共空间是开放的发生社会交往的公共场所。公共空间的舒适一方面是让住户出行、活动便利舒适，另一方面是能吸引住户产生邻里交往，激发社区活力，其在舒适性需求中也是不可缺少的一部分。公共空间的舒适有显性的因子，如绿化景观、小区内部交通、建筑布局、大堂、走道、架空层等的舒适性，也有隐性的非物质属性，如小区氛围、安全管理、邻里交往等的舒适性。

最后，小区外部的舒适需求。小区的周边区域、小区本身的区位交通也影响着住户出行与生活的便利与舒适。在调研访谈中，住户认为这类因

素对他们的居住舒适的影响也十分重要，甚至不亚于户内空间的舒适。保障性住房的住户大多为老城区的居民，生活的便利性让他们对原居住区域产生了依赖，入住新建保障性住房后，生活与交通便利的差异性可能让他们产生巨大的落差感，因此小区区位、交通便利性、周边生活服务设施等因素也是评价居住舒适性的重要组成部分。

4.2.2.3 马斯洛需求层次理论

"马斯洛需求层次理论"最早是由美国人本主义心理学家亚伯拉罕·马斯洛于 1943 年在《人类激励理论》中提出的。马斯洛需求层次理论把人类的需求划分为五个层级，分别为生理需求（physiological needs）、安全需求（safety needs）、情感和归属需求（love and belonging needs）、尊重需求（esteem needs）和自我实现需求（self-actualization needs），这五个层级层层递进，形成了金字塔结构，在自我实现需求外,还有自我超越需求，但通常不纳入五级需求层次中（图 4-43）。

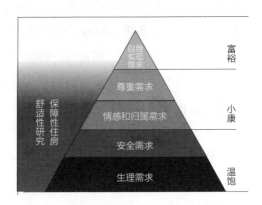

图 4-43　马斯洛需求层级与保障性住房舒适度研究

在这五级需求中，生理需求和安全需求是人类的基本需求，直接影响人的生存，这是社会处于温饱阶段就应该解决的问题，也是保障性住房这一基本社会保障手段要解决的最基本问题。而情感和归属需求、尊重需求在现代社会群体生活中越来越重要，是我国走出温饱阶段步入小康阶段需要重视的问题。而自我实现需求是较高层次的需求，应在住户普遍拥有较高的物质和精神基础后，在实现物质精神富裕时考虑。

保障性住房的舒适性评价应该把握保障性意图这一本源。现阶段，保障性住房的舒适性评价要以相对舒适性作为控制标准，高需求层级的因素不代表不需要关注，而是要联系住户的主观需求倾向进行取舍，或在未来社会发展到更高水平时再纳入评价范围。

4.2.3 保障性住房相对舒适性评价问卷设计

4.2.3.1 舒适性影响因子库

本书研究的舒适性并不局限于物理环境或空间感受方面，也要结合使用者——低收入人群的行为及心理感受来评价小区非物质层面的舒适性。

对于社区这个层面的舒适性研究，国内外的研究已经有一定深度，但大多是从研究所处社区的物理舒适度入手，从环境心理学角度切入研究使用者心理感受的较少，而针对保障性住房的使用人群且特点明显的舒适性研究更是匮乏。

由于保障性住房社会地位及其使用者社会角色的特殊性，不能简单地把以追求无限舒适为目标的商品房的舒适性因子套用在保障性住房的舒适性研究上。在进行保障性住房舒适性研究时，必须紧紧抓住保障性住房的根本目的，即解决基本的居住问题，结合马斯洛需求层次理论及住户切身需求，筛选最能满足住户需求的因子进行研究评价。

结合马斯洛需求层次理论，针对保障性住房的舒适性因子研究应该着重在生理需求、安全需求、情感和归属需求层次上，体现尊重需求层次的要素则需要结合住户需求调研及专家调研在舒适性评价中排除相对次要的因子（表4-42）。

表 4-42　马斯洛需求层次理论下的因子隶属层级

需求层次	具体内容
生理需求	居住面积、物理环境（日照、通风、辐射、噪声、空气质量）、无障碍设计及适老设计
安全需求	居住安全感（应急系统可靠性、空间可防御性与可界定性）、私密性、居住区安保管理
情感和归属需求	邻里交往（近人尺度的开放交往空间、架空层）、交通便捷（畅通的社区交通与良好的出行条件）、社区归属感
尊重需求	基于环境心理学与人体工程学的居住环境人性化设计、室内空间深层次推敲、物业行政管理水平、适当的休憩活动设施
自我实现需求	住区活动与自我价值实现、住区内平等交流及决策权益

排除部分过度舒适因子，确定了初步的舒适性因子库后，根据使用者在舒适性感知与评价判断中的分析思维特点，采用层次分析法对因子库进行环境感受分区，划分为下列五大准则层，如表 4-43 所示。

表 4-43　准则层与子准则层指标匹配

准则层	子准则层
环境行为感受	小区区位及周边服务设施、小区交通、小区休憩活动设施、交通工具停放、内部交通、架空层空间、无障碍设施、厨卫空间、窗及阳台、信息系统、垃圾处理
环境心理感受	安全与管理、消防设施、小区居住氛围、小区总体环境
环境物理感受	日照采光、自然通风、噪声干扰、空气质量、遮雨及遮阳设计
环境空间感受	小区建筑布局、大堂空间、楼梯、走道、候梯厅及入户空间、电梯使用、屋顶空间及裙楼花园、居住面积、户型、面积配比
环境视觉感受	小区绿化景观、外观及色彩、材料及装修、窗外景观

4.2.3.2 先导重要性问卷调研

舒适性影响因子类别众多，要一一进行讨论既不可能也不科学。既然保障性住房是建立在社会保障制度上的住房产品，其舒适性应当控制在合理的范围之内，那么要研究什么是影响保障性住房舒适性的关键因子，就必须分别了解住户、专家及社会其他人群对保障性住房舒适因子的需求与评定，在获得重要性指标后，着重研究住户需求及保障性住房设计者的原始意图，对因子库进行筛选和整合。

根据马斯洛需求层次理论确立符合需求层级的因子，问卷初步拟定了33项与保障性住房主观舒适判断相关联的因素，并制定了三级定序测量尺度（"很重要、重要、无所谓"，赋值3，2，1）向以上三类群体征集意见。

4.2.3.3 因子筛选及优化

通过网络问卷及实体问卷，总共发出先导性问卷108份，回收问卷101份，回收率为93.5%，排除敷衍回答及回答不全的问卷后，实得有效问卷98份，有效率为97%。其中，专家问卷为42份（均为广州、深圳两地知名设计院且拥有保障性住房项目设计经验的员工），保障性住房住户问卷为36份（主要对象为广州、深圳两地保障性住房住户），社会商品房业主问卷20份（广东省内商品房住户），三类人群比例接近2∶2∶1，根据收集的问卷计算各类人群的平均值，结果如表4-44所示。

表4-44　不同人群对保障性住房舒适性相关因素评价得分

一级准则层	二级准则层	住户	专家	商品房住户	方差
S1 环境行为感受	S1-1 小区区位及周边服务设施是否合适	2.67	2.86	2.5	0.03
	S1-2 交通是否方便	2.67	2.52	2.3	0.03
	S1-3 小区休憩活动设施是否周全	2.42	2.76	2.3	0.06
	S1-4 交通工具停放是否方便	1.87	2.19	2.3	0.05
	S1-5 内部交通是否舒适、便捷	2.07	2.43	2.1	0.04
	S1-6 无障碍设施是否齐备、便利	2.53	1.90	1.9	0.13
	S1-7 厨卫空间是否便利、舒适	2.27	2.57	2.1	0.06
	S1-8 窗及阳台是否合理、舒适	2.42	2.48	2.2	0.02
	S1-9 信息系统是否周全、便利（如公告栏、电子公告牌、信报箱）	1.67	2.05	1.8	0.04
	S1-10 垃圾处理是否及时、便利	2.53	2.52	2.3	0.02

续表

一级准则层	二级准则层	住户	专家	商品房住户	方差
S2 环境空间感受	S2-1 小区建筑布局是否合理	2.27	2.52	2.5	0.02
	S2-2 大堂空间是否舒适	1.47	2.00	1.5	0.09
	S2-3 楼梯、走道是否舒适	1.93	2.43	2.1	0.06
	S2-4 候梯厅及入户空间是否舒适	2.27	2.10	2.5	0.04
	S2-5 电梯使用是否安全、舒适	2.73	2.67	2.5	0.01
	S2-6 屋顶空间及裙楼花园是否舒适	1.93	1.76	1.7	0.01
	S2-7 居住面积是否合宜	2.73	2.57	2.5	0.01
	S2-8 户型是否合理	2.47	2.86	2.6	0.04
	S2-9 面积配比是否合理	2.33	2.62	2.5	0.02
	S2-10 架空层空间是否舒适	2.42	1.86	1.9	0.10
S3 环境视觉感受	S3-1 小区绿化景观是否舒适、宜人	2.33	2.43	2.3	0.00
	S3-2 外观及色彩是否美观、宜人	1.63	1.90	1.8	0.02
	S3-3 材料及装修是否美观	2.47	2.00	2.2	0.06
	S3-4 窗外景观是否良好	2.67	2.48	2.4	0.02
S4 环境物理感受	S4-1 日照采光是否充足	2.85	2.86	2.5	0.04
	S4-2 自然通风是否舒适	2.67	2.86	2.6	0.02
	S4-3 噪声干扰是否得到控制	2.47	2.52	2.4	0.00
	S4-4 空气是否清洁	2.53	2.71	2.4	0.02
	S4-5 遮雨及遮阳设计是否完备	2.47	2.19	2.3	0.02
S5 环境心理感受	S5-1 安全与管理是否到位	2.81	2.67	2.4	0.04
	S5-2 消防设备是否周全、便利	2.63	2.52	2.5	0.00
	S5-3 小区居住氛围是否和谐	2.47	2.38	2.1	0.04
	S5-4 小区总体环境是否宜人	2.33	2.71	2.2	0.07

根据对三类人群调研结果的平均值分析，三类人群对 33 个因子的重要性定位有以下区别及特点。

首先，从综合评分看出，专家各因子的平均得分相对较高，保障房住户、商品房住户对保障性住房的舒适性因子总体得分较低。这反映了保障性意图在不同社会层面的体现。专家作为保障性住房的设计者，对住房的舒适问题站在了比较高的层面去考虑，希望能顾及大部分因子；住户作为受益群体，必然对保障性住房的舒适有着较高要求，但他们也从实际居住环境出发，在对某些生活中较少关注和接触的因子给予较低评分。

其次，在一级准则层方面，S1 和 S2 内各因子评分差距较大，这与 S1、S2 内涉及的因子个数较多有关；S4、S5 的评分较高（均值都大于 2），且不同层次人群间评分趋势相似，说明 S4、S5 部分因子均受各层次人群重视。

最后，对各因子数据进行纵向观察，S1-9、S2-2、S2-3、S2-6、S3-2 等在各人群中评分均较低，说明他们的重要性也相对其他因子较低；再对数据进行横向比较观察可得，S1-4、S1-6、S2-2、S2-3、S2-10、S4-5 在不同人群中评分区别较大，无障碍设计、遮阳遮雨设计、架空层空间等对于住户的使用舒适感受有着重要影响，而在设计者和社会人群中容易忽略；而大堂空间、楼梯走道舒适性、交通工具停放等在住户实际使用中与设计者认定的重要性存在较大差异，专家对单体内部的公共空间给予的期望值较高。

考虑保障性住房相对舒适性评价应以专家和住户的判断为主，并纳入社会其他人群的意见作为辅助评判，因此在三类人群统计数据上，笔者拟定住户：专家：商品房住户约为 2：2：1，加权求得综合得分，并根据马斯洛需求层次理论给予因子加权，按五级需求层次分别对应 120%、110%、100%、90%、80% 加权得到转化后各因子得分，结果如表 4-45 所示。

表 4-45　与马斯洛需求层级加权后各因子得分

一级准则层	二级准则层	综合得分	马斯洛层级	加权后得分
S1 环境行为感受	S1-1 小区区位及周边服务设施是否合适	13.56	情感和归属需求	13.56
	S1-2 对外交通是否方便	12.68	情感和归属需求	12.68
	S1-3 小区休憩活动设施是否周全	12.66	尊重需求	11.39
	S1-4 交通工具停放是否安全、方便	10.42	安全需求	11.46
	S1-5 内部交通是否舒适、便捷	11.10	尊重需求	9.99
	S1-6 无障碍设施是否齐备、便利	10.76	生理需求	12.91
	S1-7 厨卫空间是否便利、舒适	11.78	生理需求	14.14
	S1-8 窗及阳台是否合理、舒适	12.00	生理需求	14.40
	S1-9 信息系统是否周全、便利（如公告栏、电子公告牌、信报箱）	9.24	尊重需求	8.32
	S1-10 垃圾处理是否及时、便利	12.40	生理需求	14.88

续表

一级准则层	二级准则层	综合得分	马斯洛层级	加权后得分
S2 环境空间感受	S2-1 小区建筑布局是否合理	12.08	安全需求	13.29
	S2-2 大堂空间是否舒适	8.44	情感和归属需求	8.44
	S2-3 楼梯、走道是否舒适	10.82	安全需求	11.90
	S2-4 候梯厅及入户空间是否舒适	11.24	情感和归属需求	11.24
	S2-5 电梯使用是否安全、舒适	13.30	安全需求	14.63
	S2-6 屋顶空间及裙楼花园是否舒适	9.08	尊重需求	8.17
	S2-7 居住面积是否合宜	13.10	生理需求	15.72
	S2-8 户型是否合理	13.26	生理需求	15.91
	S2-9 面积配比是否合理	12.40	生理需求	14.88
	S2-10 架空层空间是否舒适	10.46	情感和归属需求	10.46
S3 环境视觉感受	S3-1 小区绿化景观是否舒适、宜人	11.82	尊重绣球	10.64
	S3-2 外观及色彩是否美观、宜人	8.86	尊重需求	7.97
	S3-3 材料及装修是否美观	11.14	尊重需求	10.03
	S3-4 窗外景观是否良好	12.70	生理需求	15.24
S4 环境物理感受	S4-1 日照采光是否充足	13.92	生理需求	16.70
	S4-2 自然通风是否舒适	13.66	生理需求	16.39
	S4-3 噪声干扰是否得到控制	12.38	生理需求	14.86
	S4-4 空气是否清洁	12.88	生理需求	15.46
	S4-5 遮雨及遮阳设计是否完备	11.62	生理需求	13.94
S5 环境心理感受	S5-1 安全与管理是否到位	13.36	安全需求	14.70
	S5-2 消防设备是否周全、便利	12.80	安全需求	14.08
	S5-3 小区居住氛围是否和谐	11.80	尊重需求	10.62
	S5-4 小区总体环境是否宜人	12.28	尊重需求	11.05

根据各因子加权后得分，进行因子最终的筛选和整合。

首先，根据综合得分，取消部分与保障性住房联系较弱的舒适性评价因子，如 S1-5、S1-9、S2-2、S2-6、S3-2 等因子。

其次，S1、S2 准则层因子数仍较多，且部分因子相关性较高，合并部分评分相近、内容相关、过于具体的因子。S1-7 和 S1-8 合并为户内服务空间便利舒适性因子，S2-3 和 S2-4 合并为各层公共空间舒适性因子，S2-8 和 S2-9 合并为户型布置及空间配比因子。筛选优化后的因子表 4-46。

表 4-46　优化整合后的岭南保障性住房相对舒适性评价因子

目标层	一级准则层	二级准则层
岭南保障性住房相对舒适性评价	S1 环境行为感受	S1-1 小区区位及周边服务设施是否合适
		S1-2 对外交通是否方便
		S1-3 小区休憩活动设施是否周全
		S1-4 交通工具停放是否方便
		S1-5 无障碍设施是否齐备、便利
		S1-6 户内服务空间便利舒适性
	S2 环境空间感受	S2-1 小区建筑布局是否合理
		S2-2 各层公共空间舒适性
		S2-3 电梯使用是否安全、舒适
		S2-4 居住面积是否合宜
		S2-5 户型布置及空间配比
		S2-6 架空层空间是否舒适
	S3 环境视觉感受	S3-1 小区绿化景观是否舒适、宜人
		S3-2 材料及装修是否美观
		S3-3 窗外景观是否良好
	S4 环境物理感受	S4-1 日照采光是否充足
		S4-2 自然通风是否舒适
		S4-3 噪声干扰是否得到控制
		S4-4 空气是否清洁
		S4-5 遮雨及遮阳设计是否完备
	S5 环境心理感受	S5-1 安全与管理是否到位
		S5-2 消防设备是否周全、便利
		S5-3 小区居住氛围是否和谐
		S5-4 小区总体环境是否宜人

4.2.4 模糊综合评价模型的构建

模糊综合评价模型主要分为两个部分：第一部分是通过层次分析法（AHP）来计算指标的权重；第二部分是通过模糊综合评价法来对研究对象进行隶属度评分。模糊综合评价是建立在层次分析法得出的权重之上的，二者相辅相成。通过模糊综合评价法能让保障性住房的使用后评价调查结果更加直观、准确地显示出来，能以较科学、可靠的量化数据来评判模糊问题。其一般评价步骤如图4-44所示。

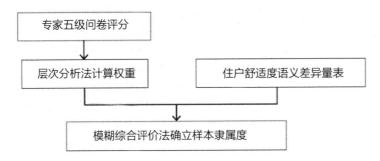

图4-44　层次分析法——模糊综合评价法研究的实施步骤

保障性住房相对舒适性模糊综合评价是将层次分析法与模糊综合评价法整合后，对岭南已建成保障性住区进行的综合评价，具有如下特点。

第一，从根本上来说，保障性住房舒适性综合评价是一种定性与定量相结合的评价。要描述一个小区的舒适性水平，一方面，是对可直接度量的指标进行度的评判，如物理空间要素；另一方面，是通过某些定性指标进行量化评判。

第二，由于本书的舒适性研究不只局限于物理舒适度方面，还涉及心理、生理、行为等众多舒适因素，人们的主观判断直接决定了各因素的影响层次，而且这种评价结论往往带有模糊性。因此，为了保证评价结论的可靠性和科学性，必须采用一种能处理多因素、多层级并规避主观臆断弊端的评价方法。

运用模糊综合评价法对保障性住区进行舒适性评价，是因为它能同时满足上述两点要求。

4.2.4.1 层次分析法计算因子权重

为了确定各准则层及子准则层因子对最终评价结果的权重，本书运用层次分析法。托马斯·萨迪（Thomas Saaty）建议使用1～9标度[87]，即便是缺少专业知识及训练的人也能够简单地做出评价，但在某些实际应用中 1 ～ 9 标度却有明显的缺陷，在评价准则指标为非数量性指标时，应倾向于采用 9/9 ～ 9/1、10/10 ～ 18/2、指数标度这三种新标度。

本研究子准则层因素较多，如果采用传统两两比较矩阵进行优劣比较，问题量将超出受访者的接受范围，结果不可控又缺乏可操作性。因此，本书采用指数标度作为相对重要性标度的匹配值（表 4-47）。

表 4-47 指数标度对应的标度值

重要程度	指数标度	1 ～ 9 标度
相同	9^0（1.000）	1
稍微重要	$9^{1/9}$（1.277）	3
明显重要	$9^{3/9}$（2.080）	5
强烈重要	$9^{6/9}$（4.327）	7
极端重要	$9^{9/9}$（9.000）	9

本书通过对参与保障性住房建设项目的一线专家进行五级重要性问卷调研，根据语义差异，分为没有影响、无所谓、一般重要、重要、很重要五个层级，分别赋值为 1 ～ 5 分，在获得各因子平均得分后采用标度函数转换公式，建立两两比较判断矩阵，分别计算判断矩阵的最大特征根及对应特征向量，并进行一致性检验。这样能较为科学、便捷地计算出各准则层及子准则层因子的权重。标度函数转换公式[88] 如下：

$$b_{ij}=b^{\frac{\ln\left(k_{ij}^P\right)}{\ln k}}$$

对广州、深圳大型设计院的建筑及结构、设备专业设计师（由于建筑专业为项目主要控制角色，因此初步拟定建筑与其他专业专家比例约为 2：1）进行问卷统计后，可以得出各准则层平均值、子准则层因子最大最小比值 k 及重要性标度 b。

专家对一级准则层的重要性进行排序，根据排序各记 1 ～ 5 分，综合得分（表 4-48、表 4-49）。

表 4-48　一级准则层重要性排序

一级准则层	S1 环境行为感受	S2 环境空间感受	S3 环境视觉感受	S4 环境物理感受	S5 环境心理感受
得分	162	136	48	132	92
排序	1	2	5	3	4

表 4-49　一级准则层重矩阵判断

	S1	S2	S3	S4	S5	特征向量 W_i
S1	1.000 0	1.293 9	6.000 0	1.352 1	2.301 2	0.321 2
S2	0.772 8	1.000 0	4.637 0	1.045 0	1.778 5	0.248 2
S3	0.166 7	0.215 7	1.000 0	0.225 4	0.383 5	0.053 5
S4	0.739 6	0.957 0	4.437 5	1.000 0	1.702 0	0.237 5
S5	0.434 6	0.562 3	2.607 3	0.587 6	1.000 0	0.139 6

（1）各准因子平均值、因子最大比值及各准则层相对重要性标度如表 4-50 所示。

表 4-50　因子最大比值及各准则层相对重要性标度

	因子 1	因子 2	因子 3	因子 4	因子 5	因子 6	k	b
S1	4.47	4.84	3.58	4.00	3.26	4.16	1.485	4
S2	4.37	3.37	4.00	4.00	4.79	3.32	1.443	3
S3	3.63	3.42	3.58	—	—	—	1.061	1
S4	4.63	4.79	4.42	4.32	3.58	—	1.338	3
S5	4.47	4.42	3.95	3.68	—	—	1.215	3

（2）通过标度函数计算后的各子准则层的单排序结果，如表 4-51 至表 4-55 所示。

表 4-51　S1 子准则层因子排序结果

	S1-1	S1-2	S1-3	S1-4	S1-5	S1-6	特征向量 W_i
S1-1	1.000 0	0.756 6	2.179 0	1.476 6	3.026 2	1.286 8	0.219 0
S1-2	1.321 8	1.000 0	2.880 1	1.951 7	4.000 0	1.700 8	0.289 5
S1-3	0.458 9	0.347 2	1.000 0	0.677 6	1.388 8	0.590 5	0.100 5
S1-4	0.677 3	0.512 4	1.475 7	1.000 0	2.049 5	0.871 5	0.148 3
S1-5	0.330 4	0.250 0	0.720 0	0.487 9	1.000 0	0.425 2	0.074 2
S1-6	0.777 1	0.588 0	1.693 4	1.147 5	2.351 8	1.000 0	0.170 2

注：λ_{max}=6，一致性比例为 0.000 0，k=1.484 66，相对重要性指标 =3。

表 4-52　S2 子准则层因子排序结果

	S2-1	S2-2	S2-3	S2-4	S2-5	S2-6	特征向量 W_i
S2-1	1.000 0	2.178 8	1.303 6	1.303 6	0.759 5	1.000 0	0.188 3
S2-2	0.459 0	1.000 0	0.598 3	0.598 3	0.348 6	0.459 0	0.086 4
S2-3	0.767 1	1.671 4	1.000 0	1.000 0	0.582 6	0.767 1	0.144 5
S2-4	0.767 1	1.671 4	1.000 0	1.000 0	0.582 6	0.767 1	0.144 5
S2-5	1.316 6	2.868 6	1.716 3	1.716 3	1.000 0	1.316 6	0.248 0
S2-6	0.438 9	0.956 2	0.572 1	0.572 1	0.333 3	0.438 9	0.188 3

注：$\lambda_{max}=6$，一致性比例为 0.000 0，$k=1.442\ 77$，相对重要性指标 =4。

表 4-53　S3 子准则层因子排序结果

	S3-1	S3-2	S3-3	特征向量 W_i
S3-1	1.000 0	1.000 0	1.000 0	0.333 3
S3-2	1.000 0	1.000 0	1.000 0	0.333 3
S3-3	1.000 0	1.000 0	1.000 0	0.333 3

注：$\lambda_{max}=3$，一致性比例为 0.000 0，$k=1.061\ 403$，相对重要性指标 =1。

表 4-54　S4 子准则层因子排序结果

	S4-1	S4-2	S4-3	S4-4	S4-5	特征向量 W_i
S4-1	1.000 0	0.879 7	1.191 4	1.298 9	2.639 1	0.242 4
S4-2	1.136 8	1.000 0	1.354 4	1.476 5	3.000 0	0.275 6
S4-3	0.839 3	0.738 4	1.000 0	1.090 2	2.215 1	0.203 5
S4-4	0.769 9	0.677 3	0.917 3	1.000 0	2.031 8	0.186 6
S4-5	0.378 9	0.333 3	0.451 5	0.492 2	1.000 0	0.091 9

注：$\lambda_{max}=5$，一致性比例为 0.000 0，$k=1.337\ 989$，相对重要性指标 =3。

表 4-55　S5 子准则层因子排序结果

	S5-1	S5-2	S5-3	S5-4	特征向量 W_i
S5-1	1.000 0	1.065 6	2.011 0	3.000 0	0.361 1
S5-2	0.938 4	1.000 0	1.887 2	2.815 3	0.338 9
S5-3	0.497 3	0.529 9	1.000 0	1.491 8	0.179 6
S5-4	0.333 3	0.355 2	0.670 3	1.000 0	0.120 4

注：$\lambda_{max}=4$，一致性比例为 0.000 0，$k=1.214\ 674$，相对重要性指标 =3。

（3）根据以下公式 $W=\sum_{i=1}^{m}b_n^i a_i$ ，求得子准则层各评价因子的综合权重（表 4-56）。

表 4-56　保障性住房相对舒适性因子及权重表

舒适性因子	S1	S2	S3	S4	S5	W
	0.321 2	0.248 2	0.053 5	0.237 5	0.139 6	
S1-1 小区区位及周边服务设施是否合适	0.219 0					0.070 3
S1-2 对外交通是否方便	0.289 5					0.093 0
S1-3 小区休憩活动设施是否周全	0.100 5					0.032 3
S1-4 交通工具停放是否方便	0.148 3					0.047 6
S1-5 无障碍设施是否齐备、便利	0.074 2					0.023 8
S1-6 户内服务空间便利舒适性	0.170 2					0.054 7
S2-1 小区建筑布局是否合理		0.188 3				0.046 7
S2-2 各层公共空间舒适性		0.086 4				0.021 4
S2-3 电梯使用是否安全、舒适		0.144 5				0.035 9
S2-4 居住面积是否合宜		0.144 5				0.035 9
S2-5 户型布置及空间配比		0.248 0				0.061 6
S2-6 架空层空间是否舒适		0.188 3				0.046 7
S3-1 小区绿化景观是否舒适、宜人			0.333 3			0.017 8
S3-2 材料及装修是否美观			0.333 3			0.017 8
S3-3 窗外景观是否良好			0.333 3			0.017 8
S4-1 日照采光是否充足				0.242 4		0.057 6
S4-2 自然通风是否舒适				0.275 6		0.065 5
S4-3 噪声干扰是否得到控制				0.203 5		0.048 3
S4-4 空气是否清洁				0.186 6		0.044 3
S4-5 遮雨及遮阳设计是否完备				0.091 9		0.021 8
S5-1 安全与管理是否到位					0.361 1	0.050 4
S5-2 消防设备是否周全、便利					0.338 9	0.047 3
S5-3 小区居住氛围是否和谐					0.179 6	0.025 1
S5-4 小区总体环境是否宜人					0.120 4	0.016 8

4.2.4.2 建立住户语义差异量表问卷

根据前文得出的保障性住房相对舒适性评价因子及权重，设计相对舒适性住户评价问卷，对具体的建成项目进行舒适性评价。住户问卷设计运用语义差异量表。

语义差异（semantic differential, SD）量表是由美国心理学家查尔斯·埃杰顿·奥斯古德（Charles Egerton Osgood）在心理检验中发展的一种态度测量技术[89]。在国内学术界及市场研究中有广泛的运用实例。该方法具备测量层次高、设计简便、利于受访者准确进行评价强度分化的优点。如何准确地选用与语义相反的词汇进行维度的区分是此量表设计的难点。语义差异量表的具体设计流程：确定评价环境的维度—选择正反义形容词代表维度两端—确定标度方法[40]。本研究采用五级语义差异量表对住户进行已建成保障性住区的相对舒适性评价，符合住户判断心理，能被住户较快捷反映并选择。

4.2.4.3 调研样本选取

考虑所选取的岭南保障性住区样本应功能完整、规模适中、具有地域代表性、顺应主流发展趋势、有调研的可行性并存在较强差异性，笔者在了解了保障性住房住户的基本需求后，结合马斯洛需求层次理论及专家评定确定权重后，选取了两个样本——芳和花园和广氮花园作为案例模糊综合评价对象（表 4-57）。

表 4-57　调研样本比较

样本		芳和花园	广氮花园
相似性	规模	建筑面积为 37.8 万 m²，容积率为 4.64	建筑面积为 31.1 万 m²，容积率为 4.00
	户数 / 户	5 935	4 442
	建成时间 / 年	2011	2013
	物业类型比	出租：出售 =0.49	出租：出售 =0.67
差异性	地区	荔湾区（成熟地块）	天河区（欠开发地块）
	地块数 / 块	1	2
	空间模式	混合布局	行列布局
	交通	公交始发 / 途经 / 地铁	公交始发

（一）芳和花园

芳和花园位于广州市荔湾区龙溪大道西北面，南激路以南，芳村花园一期（商品房）东侧，位于老芳村核心地带，周边生活配套较齐全，地铁及公交线路便捷。项目建成于 2011 年，总用地面积为 7.96 万 m²，总户数为 5 935 户，其中廉租房有 1 947 套，经济适用房有 3 988 套。芳和花园由

21栋24～32层的高层住宅组成。住区内绿化面积较大，有向心式的中心花园，休闲娱乐设施较为齐备（图4-45）。

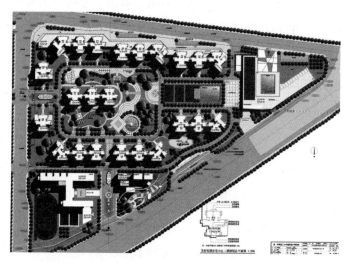

图4-45　芳和花园总平面图

（二）广氮花园

广氮花园位于广州市天河区车陂街道健明四路，南与广园快速路和车陂路相接，东邻广州环城高速公路。项目以东为广东奥林匹克体育中心，以西则为科韵路和汇景新城，北面是阳华国花苑及天健上城，地块周边配套仍未成熟，地块交通以公交线路为主，小区总站有三路公交，附近公交站点也较多，距广州市中心商业区3～5 km。项目总用地面积为85 528 m²，建筑面积为311 468 m²，容积率达到4.00，绿地率达到36%。项目由12栋23～25层的住宅组成，分南北两个地块，中部有城市马路相隔，北地块有5栋，南地块有7栋，并配套新建幼儿园及菜市场。项目总户数为4 442户，其中1 790套为廉租房，经济适用房为2 652套（图4-46）。

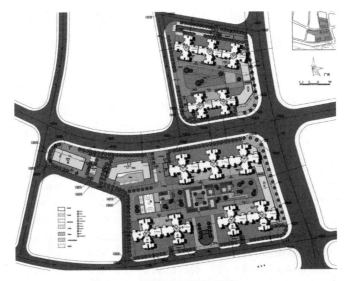

图 4-46　广氮花园总平面图

4.2.4.4 问卷发放及数据整理

为了获得住户对所在小区舒适性较为客观、准确的评价，笔者分别对所选案例进行了两轮相对舒适性综合评价问卷调研，第一轮选取的是工作日下午 4:00—6:00 时段，第二轮选取的是周末下午 4:00—6:00 时段，涵盖不同行为作息的人群。两轮调研共发出问卷 79 份（其中芳和花园 42 份，广氮花园 37 份），回收问卷 73 份（其中芳和花园 39 份，广氮花园 34 份），回收率为 92.41%，排除敷衍回答及回答不全的问卷后，实得有效问卷 72 份（其中芳和花园 39 份，广氮花园 33 份），有效率为 97.26%。其中：男性 40 名，女性 32 名；经济适用房住户 47 人，廉租房住户为 25 人。

4.2.4.5 均值及方差分析

先以调研小区为变量对均值进行分析（表 4-58）。通过均值分析可得此次两个调研案例的小区综合评分为 0.631 4，接近问卷设定的中值水平，其中芳和花园为 0.909 2，对应描述性评价为较好，广氮花园为 0.353 5，对应描述性评价为一般。芳和花园 24 个子指标与总评价得分最大差值为 0.680 5，广氮花园为 0.808 0，总得分与各子得分偏差都在一个评价层级内，总得分与各子指标得分趋势基本吻合。对两个实例数据的横向比对可得出以下结论：

表 4-58 芳和花园与广氮花园相对舒适性调研均值及方差分析

调研小区 二级准则层	芳和花园		广氮花园	
	均值	方差 $D_A(X)$	均值	方差 $D_B(X)$
S1-1 小区区位及周边服务设施是否合适	1.025 6	2.220 2	−0.363 6	3.561 0
S1-2 对外交通是否方便	1.307 7	5.928 9	0.030 3	2.904 5
S1-3 小区休憩活动设施是否周全	1.076 9	4.524 5	−0.363 6	6.431 0
S1-4 交通工具停放是否方便	0.615 4	0.929 6	0.515 2	0.871 1
S1-5 内部交通是否舒适、便捷	0.794 9	5.216 7	0.636 4	8.160 1
S1-6 户内服务空间便利舒适性	0.846 2	4.587 8	0.393 9	3.364 5
S2-1 小区建筑布局是否合理	0.974 4	0.148 8	0.545 5	1.259 3
S2-2 各层公共空间是否舒适	0.871 8	3.690 5	0.424 2	3.825 1
S2-3 电梯使用及空间是否安全、舒适	0.461 5	3.775 6	0.000 0	1.758 3
S2-4 居住面积是否合宜	0.641 0	8.172 9	−0.060 6	4.232 9
S2-5 户型布置空间配比是否合理	1.205 1	2.675 9	0.606 1	7.767 7
S2-6 架空层空间是否舒适	1.256 4	10.750 2	0.090 9	3.292 1
S3-1 绿化景观是否美观、舒适	1.589 7	1.299 4	0.727 3	5.463 0
S3-2 材料及装修是否美观	0.487 2	2.181 3	0.060 6	1.952 8
S3-3 窗外景观是否良好	0.794 9	2.845 4	0.393 9	1.717 5
S4-1 日照采光是否充足	1.153 8	0.282 7	1.060 6	2.428 5
S4-2 自然通风是否舒适	1.256 4	5.443 7	0.848 5	10.074 1
S4-3 噪声干扰是否得到控制	0.512 8	1.602 3	−0.333 3	1.271 2
S4-4 空气是否清洁	0.384 6	2.583 0	1.090 9	4.693 0
S4-5 遮雨及遮阳设计是否完备	0.282 1	0.641 6	1.030 3	13.560 2
S5-1 安全与管理是否到位	1.025 6	6.141 0	−0.454 5	0.699 4
S5-2 消防设备是否周全、便利	0.743 6	1.393 5	0.151 5	7.145 4
S5-3 小区居住氛围是否和谐	1.230 8	15.838 0	0.636 4	1.310 7
S5-4 小区总体环境是否宜人	1.282 1	3.185 4	0.818 2	1.938 3
个案总体评分	0.909 2	4.002 4	0.353 5	4.153 4
调研总评	0.631 4			

首先，在总体均值上，芳和花园的得分较广氮花园高，可以对应两个评价描述。这与本书前面章节的可意象调研及实地走访获得的主观感受基

本一致，反映了使用者的一般评价标准。

其次，在芳和花园的舒适性评价上，所有因子的平均值均为正数。其中能对应非常好（1.2～2.0）的因子有 S1-2、S2-5、S2-6、S3-1、S4-2、S5-3、S5-4，达到较好标准（大于 0.4）的因子有 22 个，得分较低的主要是空气及遮阳遮雨设施，在前期调查访谈时有不少住户提及遮雨设备不充足导致出行不便利，这里再次验证了住户的感受。

再次，在广氮花园的舒适性评价上，有五项指标均值为负数，分别为 S1-1、S1-3、S2-4、S4-3、S5-1，这与前面章节调研得出的广氮花园区位较孤立、周边服务设施未完善、安全管理存在问题等相匹配。而得分达到较好（大于 0.4）的因子有 12 项，大部分选项均与前面章节调研住户的反馈相匹配。而在建筑布局及内部交通方面，住户也表示较为认可，广氮花园是围合式的布局形式，内部为围绕花园的环状交通，较为清晰，道路也围合了小区花园成为完整绿化区域，较为合理。

最后，方差主要反映住户在评价问题上的一致性，方差越小说明住户的评价越趋于一致。在方差上，芳和花园及广氮花园各因素平均方差相当，而方差较大的因子在两个调研实例中又各有不同。芳和花园方差较大的指标为 S2-4、S2-6、S5-3。这可能是由住户不同的评判角度及对空间的使用情况造成的，如并非所有住户都愿意使用架空层。而在居住面积上，虽然有关规定严格控制面积，但某些保障性住房住户由于家庭成员较多，超出住房设计的容纳量，导致居住空间过于紧张。而在小区是否和谐这个心理因子上，住户分歧较大，也说明心理感受因子的评分结果受个体因素影响较大。而广氮花园住户在 S1-5、S2-5、S4-2、S4-5 上差异较大，主要是由于两个地块资源不平均，不同地块住户对遮雨遮阳设施、户型、内部交通、户内通风等存在感受差异。

4.2.4.6 模糊综合评价分析

由于保障性住房的住户受地域、教育水平、原居住环境、个人认知等差异的影响，在评价过程中会存在主观性。而利用模糊综合评价则可以有效处理在评价过程中产生的个体主观性和客观性所产生的模糊现象。本书对保障性住房的模糊综合评价按以下步骤进行。

第一步，根据所构建的保障性住房相对舒适性评价指标体系，确定评价因素集合 $U=\{u_1, u_2, \cdots, u_m\}$。

首先，建立一级相对舒适性指标集：

$U=\{u_1, u_2, u_3, u_4, u_5\}=\{$ 环境行为感受，环境空间感受，环境视觉感受，环境物理感受，环境心理感受 $\}$

其次，建立二级相对舒适性指标集：

$U_1=\{u_{11}, u_{12}, u_{13}, u_{14}, u_{15}, u_{16}\}=\{$ 小区区位及周边服务设施，对外交通，小区休憩活动设施，交通工具停放，内部交通，户内服务空间 $\}$

$U_2=\{u_{21}, u_{22}, u_{23}, u_{24}, u_{25}, u_{26}\}=\{$ 小区建筑布局，各层公共空间，电梯使用及空间，居住面积，户型布置空间配比，架空层空间 $\}$

$U_3=\{u_{31}, u_{32}, u_{33}\}=\{$ 绿化景观，材料及装修，窗外景观 $\}$

$U_4=\{u_{41}, u_{42}, u_{43}, u_{44}\}=\{$ 日照采光，自然通风，噪声干扰，空气质量，遮雨及遮阳设计 $\}$

$U_5=\{u_{51}, u_{52}, u_{53}, u_{54}\}=\{$ 安全与管理，消防设备，小区居住氛围，小区总体环境 $\}$

第二步，根据章节前段调查及运用层次分析法计算出的保障性住房相对舒适性指标的权重值，建立各层权重 $A=\{a_1, a_2, \cdots, a_m\}$。

首先，建立一级相对舒适性权重集：

$$A=\{0.321\,2, 0.248\,2, 0.248\,2, 0.248\,2, 0.139\,6\}$$

其次，建立二级相对舒适性指标权重集：

$A_1=\{a_{11}, a_{12}, a_{13}, a_{14}, a_{15}, a_{16}\}=\{0.219\,0, 0.289\,5, 0.100\,5, 0.148\,3, 0.074\,2, 0.170\,2\}$

$A_2=\{a_{21}, a_{22}, a_{23}, a_{24}, a_{25}, a_{26}\}=\{0.188\,3, 0.086\,4, 0.144\,5, 0.144\,5, 0.248\,0, 0.188\,3\}$

$$A_3=\{a_{31}, a_{32}, a_{33}\}=\{0.333\,3, 0.333\,3, 0.333\,3\}$$

$A_4=\{a_{41}, a_{42}, a_{43}, a_{44}, a_{45}\}=\{0.242\,4, 0.275\,6, 0.203\,5, 0.186\,6, 0.091\,9\}$

$A_5=\{a_{51}, a_{52}, a_{53}, a_{54}\}=\{0.361\,1, 0.338\,9, 0.179\,6, 0.120\,4\}$

第三步，根据语义差异量表建立五级评语集，评语集在模糊综合评价法中无论层次多少，都只有一个 $V=\{v_1, v_2, \cdots, v_m\}$。$V=\{2, 1, 0, -1, -2\}$ 对应评价表格指标评价语的最好到最差。

第四步，单因素评价。单因素评价是 U 到 V 的模糊映射 f 所确定的模糊关系，以公式表达即 $Rf\,(u_i, v_i)=f\,(u_i)\,(v_j)=r_{ij}$，则因素模糊评价矩阵 R 为：

$$R=\begin{bmatrix} r_{11} & r_{12} & \cdots & r_{im} \\ r_{21} & r_{22} & \cdots & r_{2m} \\ \vdots & \vdots & & \vdots \\ r_{n1} & r_{n2} & \cdots & r_{nm} \end{bmatrix}$$

实际操作即对调查问卷结果进行统计，再根据公式 $r_{ij}=m_{ij}/n$ 计算模糊矩阵 R，其中 r_{ij} 为模糊评价矩阵中的元素，m_{ij} 为选择对应评语集的人数，n 为答题总人数。

第五步，综合评价。在单因素评价结果上，利用各因素的权重矩阵 A，可得各因素综合评价：$B=A \times R$。对于评价向量 $B=\{b_1, b_2, \cdots, b_m\}$，$b_j\,(j=1, 2, 3, \cdots, m)$ 表示保障性住房相对舒适度被评为 v_j 的隶属度，本书采用最大隶属度原则，取 B 中最大隶属度对应的评价集指标作为最终评价结果，以此确定保障性住房相对舒适度的综合优劣程度。

（一）芳和花园模糊综合评价

（1）根据前文对芳和花园住户进行的相对舒适性五级差异量表结果进行统计。结果如表 4-59 所示。

表 4-59 芳和花园住户五级相对舒适性评价统计表

一级准则层	二级准则层	2	1	0	−1	−2
S1 行为感受	S1-1 小区区位及周边服务设施是否合适	15	12	10	2	0
	S1-2 对外交通是否方便	17	18	3	1	0
	S1-3 小区休憩活动设施是否周全	13	17	8	1	0
	S1-4 交通工具停放是否方便	8	12	15	4	0
	S1-5 内部交通是否舒适、便捷	8	14	12	3	2
	S1-6 户内服务空间便利舒适性	10	9	15	2	3
S2 空间感受	S2-1 小区建筑布局是否合理	13	12	14	0	0
	S2-2 各层公共空间是否舒适	10	15	13	1	0
	S2-3 电梯使用及空间是否安全、舒适	6	9	15	7	2
	S2-4 居住面积是否合宜	7	12	16	3	1
	S2-5 户型布置空间配比是否合理	19	11	7	2	0
	S2-6 架空层空间是否舒适	15	16	5	1	2
S3 环境视觉感受	S3-1 绿化景观是否美观、舒适	25	12	2	0	0
	S3-2 材料及装修是否美观	7	6	13	9	4
	S3-3 窗外景观是否良好	8	12	10	5	4
S4 环境物理感受	S4-1 日照采光是否充足	12	21	6	0	0
	S4-2 自然通风是否舒适	17	16	5	1	0
	S4-3 噪声干扰是否得到控制	5	8	7	12	7
	S4-4 空气是否清洁	3	9	15	8	4
	S4-5 遮雨及遮阳设计是否完备	7	8	13	11	0
S5 环境心理感受	S5-1 安全与管理是否到位	12	14	9	3	1
	S5-2 消防设备是否周全、便利	5	22	9	3	0
	S5-3 小区居住氛围是否和谐	14	19	4	1	1
	S5-4 小区总体环境是否宜人	18	16	3	2	0

（2）根据表 4-59 求得一、二级指标的模糊矩阵 R^{A}。

$$R_1^{\mathrm{A}}=\begin{bmatrix} 0.3846 & 0.3077 & 0.2564 & 0.0513 & 0.0000 \\ 0.4359 & 0.4615 & 0.0769 & 0.0256 & 0.0000 \\ 0.3333 & 0.4359 & 0.2051 & 0.0256 & 0.0000 \\ 0.2051 & 0.3077 & 0.3846 & 0.1026 & 0.0000 \\ 0.2051 & 0.3590 & 0.3077 & 0.0769 & 0.0513 \\ 0.2564 & 0.2308 & 0.3846 & 0.0513 & 0.0769 \end{bmatrix}$$

$$R_2^A = \begin{bmatrix} 0.333\ 3 & 0.307\ 7 & 0.359\ 0 & 0.000\ 0 & 0.000\ 0 \\ 0.256\ 4 & 0.384\ 6 & 0.333\ 3 & 0.025\ 6 & 0.000\ 0 \\ 0.153\ 8 & 0.230\ 8 & 0.384\ 6 & 0.179\ 5 & 0.051\ 3 \\ 0.179\ 5 & 0.307\ 7 & 0.410\ 3 & 0.076\ 9 & 0.000\ 0 \\ 0.487\ 2 & 0.282\ 1 & 0.179\ 5 & 0.051\ 3 & 0.000\ 0 \\ 0.384\ 6 & 0.410\ 3 & 0.128\ 2 & 0.025\ 6 & 0.051\ 3 \end{bmatrix}$$

$$R_3^A = \begin{bmatrix} 0.641\ 0 & 0.307\ 7 & 0.051\ 3 & 0.000\ 0 & 0.000\ 0 \\ 0.179\ 5 & 0.153\ 8 & 0.333\ 3 & 0.230\ 8 & 0.102\ 6 \\ 0.205\ 1 & 0.307\ 7 & 0.256\ 4 & 0.128\ 2 & 0.102\ 6 \end{bmatrix}$$

$$R_4^A = \begin{bmatrix} 0.362\ 3 & 0.453\ 1 & 0.152\ 1 & 0.081\ 6 & 0.000\ 0 \\ 0.372\ 7 & 0.391\ 2 & 0.242\ 1 & 0.051\ 6 & 0.028\ 3 \\ 0.000\ 0 & 0.192\ 8 & 0.364\ 1 & 0.343\ 3 & 0.085\ 9 \\ 0.293\ 0 & 0.514\ 8 & 0.161\ 2 & 0.029\ 3 & 0.122\ 3 \\ 0.314\ 2 & 0.383\ 4 & 0.181\ 9 & 0.029\ 3 & 0.031\ 3 \end{bmatrix}$$

$$R_5^A = \begin{bmatrix} 0.307\ 7 & 0.384\ 6 & 0.230\ 8 & 0.076\ 9 & 0.051\ 3 \\ 0.128\ 2 & 0.564\ 1 & 0.230\ 8 & 0.076\ 9 & 0.000\ 0 \\ 0.359\ 0 & 0.487\ 2 & 0.102\ 6 & 0.025\ 6 & 0.025\ 6 \\ 0.461\ 5 & 0.410\ 3 & 0.076\ 9 & 0.051\ 3 & 0.000\ 0 \end{bmatrix}$$

（3）一级评判。根据前面提及的单因素评价及综合评价的计算方法，结合层次分析法计算出的权重及以上的模糊矩阵，可计算出一级指标模糊评价如下：

$B_1^A = A_1^A \cdot R_1^A = [0.333\ 2, 0.356\ 4, 0.244\ 4, 0.050\ 9, 0.016\ 9]$

由最大隶属度可知，芳和花园环境行为感受隶属度水平为较好，隶属度为 35.64%。

$B_2^A = A_2^A \cdot R_2^A = [0.326\ 3, 0.316\ 2, 0.279\ 9, 0.056\ 8, 0.020\ 8]$

由最大隶属度可知，芳和花园环境空间感受隶属度水平为非常好，隶属度为 32.63%。

$B_3^A = A_3^A \cdot R_3^A = [0.341\ 8, 0.256\ 4, 0.213\ 7, 0.119\ 6, 0.068\ 4]$

由最大隶属度可知，芳和花园环境视觉感受隶属度水平为非常好，隶属度为34.18%。

$$B_4^A = A_4^A \cdot R_4^A = [0.251\ 7, 0.347\ 2, 0.211\ 6, 0.133\ 9, 0.055\ 7]$$

由最大隶属度可知，芳和花园环境物理感受隶属度水平为较好，隶属度为34.72%。

$$B_5^A = A_5^A \cdot R_5^A = [0.274\ 6, 0.467\ 0, 0.189\ 2, 0.064\ 6, 0.023\ 1]$$

由最大隶属度可知，芳和花园环境心理感受隶属度水平为较好，隶属度为46.70%。

（4）二级评判。二级评判模型为：

$$B_A = A_A \times R_A = A_A \times \begin{bmatrix} B_1^A \\ B_2^A \\ B_3^A \\ B_4^A \\ B_5^A \end{bmatrix}$$

根据上述计算结果：$R_A = \begin{bmatrix} 0.333\ 2 & 0.356\ 4 & 0.244\ 4 & 0.050\ 9 & 0.016\ 9 \\ 0.326\ 3 & 0.316\ 2 & 0.279\ 9 & 0.056\ 8 & 0.020\ 8 \\ 0.341\ 8 & 0.256\ 0 & 0.213\ 7 & 0.119\ 6 & 0.068\ 4 \\ 0.251\ 7 & 0.347\ 2 & 0.211\ 6 & 0.133\ 9 & 0.055\ 7 \\ 0.274\ 6 & 0.467\ 0 & 0.189\ 2 & 0.064\ 6 & 0.023\ 1 \end{bmatrix}$,

$A_A = [0.321\ 2, 0.248\ 2, 0.053\ 5, 0.237\ 5, 0.139\ 6]$，由此可得二级指标模糊评价如下：

$$B_A = [0.304\ 4, 0.354\ 3, 0.236\ 1, 0.077\ 7, 0.030\ 7]$$

由最大隶属度评价可得，芳和花园相对舒适度综合评价水平为较好，隶属度为35.43%。

（二）广氮花园模糊综合评价

（1）根据前文对广氮花园住户进行的相对舒适性五级差异量表结果进行统计。结果如表4-60所示。

表 4-60　广氮花园模糊综合评价住户评价分布

一级准则层	二级准则层	2	1	0	−1	−2
S1 行为感受	S1-1 小区区位及周边服务设施是否合适	2	7	7	11	6
	S1-2 对外交通是否方便	3	9	10	8	3
	S1-3 小区休憩活动设施是否周全	1	5	15	5	7
	S1-4 交通工具停放是否方便	5	13	9	6	0
	S1-5 内部交通是否舒适、便捷	7	12	10	3	1
	S1-6 户内服务空间便利舒适性	6	9	13	2	3
S2 空间感受	S2-1 小区建筑布局是否合理	5	11	14	3	0
	S2-2 各层公共空间是否舒适	8	6	13	4	2
	S2-3 电梯使用及空间是否安全、舒适	6	6	8	8	5
	S2-4 居住面积是否合宜	2	8	11	10	2
	S2-5 户型布置空间配比是否合理	7	12	9	4	1
	S2-6 架空层空间是否舒适	5	4	15	7	2
S3 环境视觉感受	S3-1 绿化景观是否美观、舒适	9	12	8	2	2
	S3-2 材料及装修是否美观	5	7	11	5	5
	S3-3 窗外景观是否良好	2	12	14	5	0
S4 环境物理感受	S4-1 日照采光是否充足	11	15	5	2	0
	S4-2 自然通风是否舒适	9	14	7	2	1
	S4-3 噪声干扰是否得到控制	0	6	13	11	3
	S4-4 空气是否清洁	10	17	5	1	0
	S4-5 遮雨及遮阳设计是否完备	12	13	6	1	1
S5 环境心理感受	S5-1 安全与管理是否到位	0	7	11	8	7
	S5-2 消防设备是否周全、便利	2	5	23	2	1
	S5-3 小区居住氛围是否和谐	5	14	11	3	0
	S5-4 小区总体环境是否宜人	7	15	9	2	0

（2）根据表 4-60 求得一、二级指标的模糊矩阵 R^{B}。

$$R_1^{\mathrm{B}}=\begin{bmatrix} 0.060\,6 & 0.212\,1 & 0.212\,1 & 0.333\,3 & 0.181\,8 \\ 0.090\,9 & 0.272\,7 & 0.303\,0 & 0.242\,4 & 0.090\,9 \\ 0.030\,3 & 0.151\,5 & 0.454\,5 & 0.151\,5 & 0.212\,1 \\ 0.151\,5 & 0.393\,9 & 0.272\,7 & 0.181\,8 & 0.000\,0 \\ 0.212\,1 & 0.363\,6 & 0.303\,0 & 0.090\,9 & 0.030\,3 \\ 0.181\,8 & 0.272\,7 & 0.393\,9 & 0.060\,6 & 0.090\,9 \end{bmatrix}$$

$$R_2^B = \begin{bmatrix} 0.151\,5 & 0.333\,3 & 0.424\,2 & 0.090\,9 & 0.000\,0 \\ 0.242\,4 & 0.181\,8 & 0.393\,9 & 0.121\,2 & 0.060\,6 \\ 0.181\,8 & 0.181\,8 & 0.242\,4 & 0.242\,4 & 0.151\,5 \\ 0.060\,6 & 0.242\,4 & 0.333\,3 & 0.303\,0 & 0.060\,6 \\ 0.212\,1 & 0.363\,6 & 0.272\,7 & 0.121\,2 & 0.030\,3 \\ 0.151\,5 & 0.121\,2 & 0.454\,5 & 0.212\,1 & 0.060\,6 \end{bmatrix}$$

$$R_3^B = \begin{bmatrix} 0.272\,7 & 0.363\,6 & 0.242\,4 & 0.060\,6 & 0.060\,6 \\ 0.151\,5 & 0.212\,1 & 0.333\,3 & 0.151\,5 & 0.151\,5 \\ 0.060\,6 & 0.424\,2 & 0.363\,6 & 0.151\,5 & 0.000\,0 \end{bmatrix}$$

$$R_4^B = \begin{bmatrix} 0.333\,3 & 0.454\,5 & 0.151\,5 & 0.060\,6 & 0.000\,0 \\ 0.272\,7 & 0.424\,2 & 0.212\,1 & 0.060\,6 & 0.030\,3 \\ 0.000\,0 & 0.181\,8 & 0.393\,9 & 0.333\,3 & 0.090\,9 \\ 0.303\,0 & 0.515\,2 & 0.151\,5 & 0.030\,3 & 0.102\,6 \\ 0.363\,6 & 0.393\,9 & 0.181\,8 & 0.030\,3 & 0.030\,3 \end{bmatrix}$$

$$R_5^B = \begin{bmatrix} 0.000\,0 & 0.212\,1 & 0.333\,3 & 0.242\,4 & 0.212\,1 \\ 0.060\,6 & 0.151\,5 & 0.697\,0 & 0.060\,6 & 0.030\,3 \\ 0.151\,5 & 0.424\,2 & 0.333\,3 & 0.090\,9 & 0.000\,0 \\ 0.218\,8 & 0.468\,8 & 0.250\,0 & 0.062\,5 & 0.000\,0 \end{bmatrix}$$

（3）一级评判。根据前面提及的单因素评价及综合评价的计算方法，结合层次分析法计算出的权重及以上的模糊矩阵，可计算出一级指标模糊评价如下：

$$B_1^B = A_1^B \cdot R_1^B = [0.111\,8,\ 0.272\,5,\ 0.309\,8,\ 0.020\,24,\ 0.105\,2]$$

由最大隶属度可知，芳和花园环境行为感受隶属度水平为一般，隶属度为30.98%。

$$B_2^B = A_2^B \cdot R_2^B = [0.165\,6,\ 0.252\,8,\ 0.350\,3,\ 0.176\,4,\ 0.054\,8]$$

由最大隶属度可知，芳和花园环境空间感受隶属度水平为一般，隶属度为 35.03%。

$$B_3^B = A_3^B \cdot R_3^B = [0.161\ 6,\ 0.333\ 3,\ 0.313\ 1,\ 0.121\ 2,\ 0.070\ 7]$$

由最大隶属度可知，芳和花园环境视觉感受隶属度水平为较好，隶属度为 33.33%。

$$B_4^B = A_4^B \cdot R_4^B = [0.245\ 9,\ 0.396\ 4,\ 0.220\ 3,\ 0.107\ 7,\ 0.029\ 6]$$

由最大隶属度可知，芳和花园环境物理感受隶属度水平为较好，隶属度为 39.64%。

$$B_5^B = A_5^B \cdot R_5^B = [0.074\ 1,\ 0.260\ 6,\ 0.446\ 5,\ 0.131\ 9,\ 0.086\ 9]$$

由最大隶属度可知，芳和花园环境心理感受隶属度水平为一般，隶属度为 44.65%。

（4）二级评判。二级评判模型为：

$$B_B = A_B \times R_B = A_B \times \begin{bmatrix} B_1^B \\ B_2^B \\ B_3^B \\ B_4^B \\ B_5^B \end{bmatrix}$$

根据上述计算结果：$R_B = \begin{bmatrix} 0.111\ 8 & 0.272\ 5 & 0.309\ 8 & 0.202\ 4 & 0.105\ 2 \\ 0.165\ 6 & 0.252\ 8 & 0.350\ 3 & 0.176\ 4 & 0.054\ 8 \\ 0.161\ 6 & 0.333\ 3 & 0.313\ 1 & 0.121\ 2 & 0.070\ 7 \\ 0.245\ 9 & 0.396\ 4 & 0.220\ 3 & 0.107\ 7 & 0.029\ 6 \\ 0.074\ 1 & 0.260\ 6 & 0.446\ 5 & 0.131\ 9 & 0.086\ 9 \end{bmatrix}$,

$A_B = [0.317\ 8,\ 0.251\ 2,\ 0.062\ 0,\ 0.216\ 2,\ 0.148\ 6]$，由此可得二级指标模糊评价如下：

$$B_B = A_B \times R_B = [0.154\ 4,\ 0.298\ 6,\ 0.317\ 9,\ 0.159\ 3,\ 0.070\ 3]$$

由最大隶属度评判可得，芳和花园相对舒适度综合评价水平为一般，隶属度为 31.79%。

（三）调研案例模糊综合评价对比

根据层次分析法—模糊综合评价法对两个已建成保障性住区案例进行评价后，结果如表 4-61 所示。芳和花园环境空间感受及环境视觉感受上获得了住户较高的评价，这与前面章节对芳和的走访调研得出的芳和花园社区环境、绿化景观被较多住户认可相一致。而其余各种感受也有较好的评价，整体评价与可意象性调研章节相吻合。而广氮花园在环境物理感受及视觉感受上住户评价较高，而在行为感受、空间感受及心理感受上评价一般，这主要与广氮花园区位和规划模式有关，与前面可意象研究章节已经了解到的由于不同地块住户享受到的资源及获得的意象感受差距大、周边服务设施的匮乏导致的生活不便、区位造成的孤立感及廉租房地块管理不严格造成的安全感缺失相吻合，而其空间物理感受及视觉感受评价较高，说明广氮花园的户型、社区公共空间模式被较多住户认可。在整体评价上，与可意象评价结果一致，芳和花园总体评价较广氮花园高。

表 4-61　层次分析法—模糊综合评价实例评价结果对比

调研小区	芳和花园		广氮花园	
	定性评价	隶属度 /%	定性评价	隶属度 /%
环境行为感受	较好	44.65	一般	30.98
环境空间感受	非常好	32.63	一般	35.03
环境视觉感受	非常好	34.18	较好	33.33
环境物理感受	较好	34.72	较好	39.64
环境心理感受	较好	46.70	一般	44.65
总体评价	较好	35.43	一般	31.79

4.2.5 小结

第一，本节分别从"相对舒适性影响因子"和"相对舒适性评价"两个方面进行相关的研究工作。

第二，本节先从舒适性相关概念、舒适性相关评价研究获取理论支持，再从保障性住房定位、住户需求及马斯洛需求层次理论来阐明保障性住房的舒适性评价应当把握适度原则，从无限舒适缩小到相对舒适的范围。

第三，在因子筛选上，结合专家、住户、普通商品房住户的意见，并结合马斯洛需求层次理论进行加权评分，排除超适因子，把握目前保障性住房舒适研究的重点。

第四，利用层次分析法确立一级准则层和二级准则层的权重，得出保障性住房相对舒适性评价表。

第五，对两个已建成案例进行住户相对舒适性问卷评价，收集数据后利用统计学模糊综合评价方法进行评分转换，得出两个小区的最终评价结果，并结合前面可意象调研的结论进行分析总结。

4.3 住房户型空间使用评价

4.3.1 岭南保障性住房户型空间的主观使用倾向评价

岭南保障性住房户型空间是住户主要的居住活动行为发生的空间，由于其对应的居住人群与一般商品房住户不同，因此其内心对保障性住房的需求及喜好是依据客观条件而存在的，不能生搬硬套普通商品房住户的要求。其使用人群及对应的使用方式相对比较确定，有利于进行主观倾向研究。本节对岭南保障性住房户型主观使用倾向的研究立足于住户针对户型空间的主观倾向信息的收集、归纳与分析，以当前较有代表性的岭南保障性住房户型环境要素作为变量，采用准实验研究的方法进行问卷调查，寻求符合使用者主观倾向的岭南保障性住房户型空间环境需求的共性信息。

4.3.1.1 研究设计

（一）研究对象

户型是每个家庭或个人都一定会接触到的与人最基本的居住与生活相关的场所，本节所研究的是针对岭南地区特定的气候、文化、使用人群的岭南保障性住房户型，因此本节的研究主体为岭南保障性住房的住户，研究客体是与之相应的岭南保障性住房户型。

（1）研究针对岭南保障性住房户型的使用倾向性，根据户型的布局特点及室内布置的差异性，选取 2007 年以后建成的岭南保障性住房典型套型平面图纸为基础进行改绘，作为对住户心理物理测评法研究的基础。

（2）选取广州及深圳两地保障性住房的住户及满足保障性住房申请条件的申请者作为研究的主要对象。由于对户型的喜爱倾向需要一定的购房或选房经验且能看懂户型图的对象，因此选择 20～60 岁的人作为其中主要研究对象进行研究。

（3）由于保障性住房项目属于较为特殊的项目类型，其数量有限，不是每个设计单位都有机会接触到。因此，为了了解设计师对于保障性住房户型设计的态度与看法，选取各地区有住宅或保障性住房相关实际工程经验的设计师进行问卷调查，从而了解设计师基于设计经验对户型的倾向与判断。

（二）研究目的

保障性住房户型由于其在住房保障方面的重要性及与普通商品住宅存在较大的差异性，逐渐成为政府及学术界关注的重点。目前，针对保障性住房户型的研究主要有以下四个方面：①具体项目或具体设计分析。这样的研究方式很容易导致设计师脱离住户的实际需求，设计师和业主的主观意识及指标主导方案的走向。②政府主导的户型标准化研究。政府基于建设量指标、建设速度、建设成本三方面的压力，会存在对于工业化建造的

需求，户型局部也会根据建造需求进行调整。③政府及社会主导的保障性
住房设计竞赛。例如，2008 年全国保障性住房设计方案竞赛、中国首届保
障性住房设计竞赛、2011 深圳"一·百·万"保障房设计竞赛等许多竞赛
方案为保障性住房设计提供了设计方向的参考，但是许多方案具有一定的
时效性和概念性，实现难度较大，且竞赛成果较少在实际工程中进行尝试
与应用。④居住时态调研。目前的居住时态调研依然处于描述性阶段，能
在一定程度上反映出设计预期与实际使用方式的差异，但并不能很精确地
反映出住户的喜好。

通过对目前岭南地区保障性住房户型进行分类，以及对各种类型的功
能房间的布局及设备布置方式进行分类总结，以此为依据进行问卷设计。
通过问卷试做及问卷难度逐渐降低，以适应保障性住房住户的文化水平，
最终使得问卷更加具有可操作性，从而能直观地反映出住户内心的需求。

（三）研究内容

本节是对岭南保障性住房住户心理层面隐性需求和偏好的研究，与后
文户型使用方式评价互为补充，主要分为三个部分：①岭南保障性住房
户型使用倾向总结与评价研究；②岭南保障性住房住户喜爱倾向性研究；
③设计师设计倾向性研究。

通过这三个部分的研究可以基本了解住户的显性倾向和隐性倾向，以
及住户与设计师对户型认识和使用上的差异和产生差异的原因，进而得出
真正从使用者内心倾向入手的设计策略和建议。

根据户型流线、房间布局、阳台形式等要素的不同，笔者选取了六
种目前岭南地区已建成保障性住房户型作为基础，进行修改设计，使之
能在一个户型之中容纳更多的差异性，以便在进行研究的过程中能够更
加快速地判断出住户各个方面的喜好，从而得出住户的喜爱倾向性（图
4-47）。

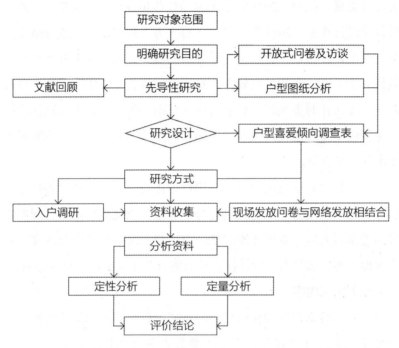

图 4-47　岭南保障性住房户型主观倾向评价研究工作框架图

（四）研究方法

（1）统计调查评价方法：以结构化问卷法为主，辅以半结构化访谈。

（2）数据分析方法：定性分析与定量分析相结合的分析方法。

（3）心理物理测评法：主要以选取的参考户型对住户进行测试研究，从而让住户选择各个方面内心喜爱的户型，进而获取住户的喜爱倾向。

4.3.1.2 使用倾向性调查分析结果

（一）住户目前在紧凑居住条件下的户型使用倾向

结合后文所收集到的户型使用平面及与岭南保障性住房住户的访谈与交流，可以发现目前住户在已建成岭南对保障性住房户型使用时主要有以下 16 种倾向。

（1）受面积限制，住户普遍有将餐厅结合客厅布置的倾向，较少利用家具限定二者的空间范围。

（2）在鞋柜、电视柜、沙发上方和内部走廊天花板、衣柜顶部等处设置吊柜，立体化利用空间的倾向。

（3）利用公共走廊设置鞋柜的倾向。

（4）在入口设置柜子保障户内私密性的倾向。

（5）住户有采用折叠餐桌或非用餐时段移动餐桌来节省空间的倾向。

（6）住户比较倾向选择较大的沙发，以满足家庭人员活动或者客人来访的需求。

（7）住户倾向于将电脑桌设置在客厅或主卧室，以满足工作和娱乐休闲的需求。

（8）在厨房条件不允许的情况下，会将冰箱设置在相对方便的空间角落，说明住户对冰箱的设置没有明确倾向。

（9）在厨房操作台面及临时存放位置不足时，住户比较倾向通过厨房凸窗、餐桌、地面等设施来进行临时存放。

（10）在卫生间等设施中，住户会倾向于利用窗台，或者在墙面加设储物板来满足日常储存需求。

（11）对于卧室空间，住户倾向于牺牲部分凸窗的采光或者休憩功能，设置婴儿床铺、衣柜、堆放杂物等来满足基本居住需求。

（12）住户更倾向于选择床铺单侧设置走道的家具布置方式，并且选择取消床头柜或单侧床头柜来满足空间使用需求。

（13）在公寓这种卧室与客厅相连的户型中，住户更倾向于从床的短边上床，用柜子遮挡长边，以保障私密性。

（14）次卧室住户更倾向于采用单人床（包括上下铺形式）来提高利用率。

（15）住户有在阳台加设洗脸盆的倾向。

（16）住户更倾向在户内阳台种花，而不是公共空间的花池。

（二）喜爱倾向性问卷设计和数据采集

本阶段的主要工作包括两个方面：一是评价样本的选取，二是问卷内容的设计部分。前者是笔者根据目前掌握的岭南保障性住房户型图纸，根据流线、功能布局等因素的不同，选取六个较为典型的套型作为基本对象。基于心理、物理自变量的不同，对其进行改绘，从而在六个户型中融入更多的变量关系（表 4-62）。户型平面图本身是保障性住房住户在选房和购房过程中最直接接触到的对象，因此以户型平面图作为评价样本进行准实验研究具有较强的可操作性和沟通效果，比较容易得到有效的岭南保障性住房住户的喜爱倾向。

表 4-62　户型平面图评价准实验设计

实验组			控制组		
引入自变量	实验内容	后测	引入自变量	比对内容	后测
X_1（流线组织）	"L" 形垂直走廊	Z_1	X_{1a}	"一" 字形垂直走廊	Z_{1a}
			X_{1b}	"一" 字形双侧平行布置	Z_{1b}
			X_{1c}	"一" 字形单侧平行布置	Z_{1c}
			X_{1d}	客厅中心模式	Z_{1d}
			X_{1e}	穿越模式	Z_{1e}
X_2（厨卫关系）	厨卫分离	Z_2	X_{2a}	厨卫紧邻靠近入口	Z_{2a}
			X_{2b}	厨卫紧邻靠近客厅	Z_{2b}
			X_{2c}	厨卫分离靠近入口	Z_{2c}
			X_{2d}	厨卫紧邻正对入口	Z_{2d}
			X_{2e}	厨卫紧邻靠近卧室	Z_{2e}
X_3（餐厨关系）	厨房紧邻餐厅	Z_3	X_{3a}	厨房经过卫生间到餐厅	Z_{3a}
			X_{3b}	厨房经过客厅到餐厅	Z_{3b}
			X_{3c}	厨房经过玄关到餐厅	Z_{3c}
			X_{3d}	厨房经过卧室到餐厅	Z_{3d}
X_4（阳台）	异形生活阳台	Z_4	X_{4a}	生活阳台连卧室，服务阳台连客厅	Z_{4a}
			X_{4b}	方形生活阳台	Z_{4b}
			X_{4c}	长方形生活阳台	Z_{4c}

实验组			控制组		
引入自变量	实验内容	后测	引入自变量	比对内容	后测
X_5 （卧室位置）	卧室对走廊开门	Z_5	X_{5a}	卧室对客厅开门	Z_{5a}
			X_{5b}	卧室对客厅餐厅开门	Z_{5b}
			X_{5c}	卧室对客厅玄关开门	Z_{5c}
X_6 （户外空间类型）	内走廊户门对户门	Z_6	X_{6a}	内走廊户门对实墙	Z_{6a}
			X_{6b}	外走廊	Z_{6b}
			X_{6c}	内走廊户门错位	Z_{6c}
X_7 （窗户形式）	平开窗	Z_7	X_{7a}	转角平开窗	Z_{7a}
			X_{7b}	不落地凸窗	Z_{7b}
			X_{7c}	落地凸窗	Z_{7c}
			X_{7d}	转角不落地凸窗	Z_{7d}
			X_{7e}	转角落地凸窗	Z_{7e}

本书通过保障性住房户型平面图纸进行刺激，借助主观倾向测评表进行主观测量，主要包含个人信息、空间态度、邻里交往、设备设施四个方面，主要采用分类测量法，要求住户根据自己的主观喜好、生活习惯、选房经验等因素，从各个评价方面中选取不超过三种喜爱的设计方式，从而得出更具有针对性的评价结论。

（三）六套岭南保障性住房典型样本平面特征

（1）各功能房间面积及其比例特征。研究所选取的六个岭南保障性住房套型平面图均为目前我国政策规定的 60 m² 以下户型，为了不让房间数这一非设计要素干扰到住户对住房的选择，所选的样本户型是目前政府供应量最大、以核心家庭作为主要供应对象的两房一厅户型，其面积均在 42.11 ～ 60.73 m²。由于实用率指标为结合公摊面积计算得出，因此将没有公布实用率数据的户型估算成目前实行的较高标准——"80%"。各功能房间面积及其占整个户型的比例如表 4-63 至表 4-65 所示。

表 4-63　岭南地区保障性住房住户喜爱倾向性调查参考户型表

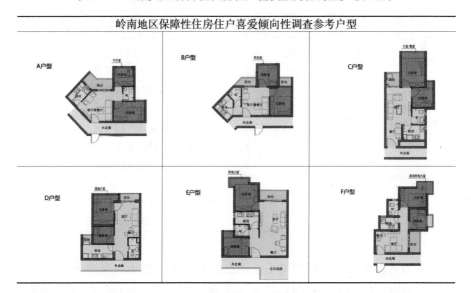

岭南地区保障性住房住户喜爱倾向性调查参考户型

表 4-64　样本户型总建筑面积、套内建筑面积和实用率表

	A 型	B 型	C 型	D 型	E 型	F 型
总建筑面积 /m^2	47.04	44.38	52.79	52.29	60.73	42.11
套内建筑面积 /m^2	37.64	35.51	42.46	39.90	48.46	33.69
实用率 /%	80.00	80.00	80.43	76.30	79.80	80.00

表 4-65　样本户型功能房间面积及所占套型面积比例统计表

功能房间	A 型		B 型		C 型		D 型		E 型		F 型	
	面积 /m^2	占比 /%	面积 /m^2	占比 /%	面积 /m^2	占比 /%	面积 /m^2	占比 /%	面积 /m^2	占比 /%	面积 /m^2	占比 /%
餐厅 + 客厅	12.01	31.9	10.39	29.3	16.02	37.7	11.85	29.7	20.00	41.3	10.80	32.1
主卧室	9.36	24.9	8.57	24.1	9.90	23.3	7.02	17.6	9.28	19.1	7.66	22.7
次卧室	6.23	16.6	6.50	18.3	6.31	14.9	5.33	13.4	7.11	14.7	5.46	16.2
厨房	4.45	11.8	4.66	13.1	4.59	10.8	6.70	16.8	4.61	9.5	3.17	9.4
卫生间	2.25	6.0	2.81	7.9	3.04	7.2	3.75	9.4	2.34	4.8	2.80	8.3
生活阳台	2.08	5.5	0.69	1.9	1.28	3.0	0.96	2.4	1.76	3.6	1.50	4.5
服务阳台	—	0.0	0.95	2.7	—	0.0	0.54	1.4	—	0.0	—	0.0
其他空间	1.26	3.3	0.94	2.6	1.32	3.1	3.75	9.4	3.36	6.9	2.30	6.8

（2）各功能房间尺寸特征。样本户型各主要房间的图测平面尺寸（轴线到轴线）如表 4-66 所示。

表 4-66　样本户型功能房间尺寸统计表

	A 型 /mm	B 型 /mm	C 型 /mm	D 型 /mm	E 型 /mm	F 型 /mm
餐厅 + 客厅	3 650 × 3 200	3 300 × 3 100	5 950 × 3 000	3 950 × 3 000	6 250 × 3 200	4 000 × 2 700
主卧室	3 850 × 2 400	3 300 × 2 550	3 300 × 3 000	2 700 × 2 600	3 200 × 2 900	3 300 × 2 350
次卧室	2 600 × 2 250	3 600 × 2 400	2 600 × 2 550	2 600 × 2 050	3 100 × 2 350	2 500 × 2 200
厨房	2 700 × 1 650	2 400 × 2 250	2 700 × 1 700	3 800 × 1 900	2 900 × 1 400	2 300 × 1 500
卫生间	1 500 × 1 500	1 850 × 1 150	1 800 × 1 700	2 500 × 1 500	1 800 × 1 300	2 000 × 1 400
生活阳台	3 000 × 1 200	1 500 × 1 000	1 700 × 1 500	2 400 × 900	3 200 × 1 100	2 500 × 1 200
服务阳台	—	2 000 × 1 000	—	—	—	—

（四）调查结果统计分析

（1）评价主体背景。由于保障性住房住户的户型喜爱倾向性调查要求住户有一定的户型图读图能力或者生活经验，因此选择 20 ～ 60 岁的具有一定保障性住房选房经验或者具有一定读图能力的保障性住房住户进行调查。通过实地随机派发问卷与有针对性的网络派发相结合的方式对岭南保障性住房住户和满足保障性住房申请条件的低收入群体进行问卷调查。总共回收问卷 44 份，剔除无效问卷 1 份，共计得到有效问卷 43 份。

与此同时，为了能客观地分析和评价住户的需求与设计师设计思想的差异，也发放了针对设计师的问卷调查。因为保障性住房属于比较特殊的住宅建筑类型，能真正参与设计的设计师相对较少且较难取得联系，并且保障性住房也属于住宅的一种，因此扩大样本范围，选取参与过住宅设计的设计师来进行调查，从而得出设计师对保障性住房户型设计的倾向性，作为住户问卷数据的对比研究，从而分析二者的差异性及其产生的原因。剔除 1 份不完整答卷，共回收有效问卷 36 份。

（2）喜爱倾向单项分析。对于岭南保障性住房套型空间喜爱倾向的单项分析，主要依据各样本中被选择的频数进行统计分析。为了便于不同样本之间的横向比较，笔者将不同样本中喜爱人数占参与调研人数的百分比作为评价依据。

①空间态度如下。

A. 流线组织。由于选取的六个典型套型平面图为了容纳更多的差异性，则难以保障在流线这个最根本的功能组织方式上拉开差距，因此单独为流线这项因素设计了一道题目，以图示的方式来直观地给调研者展示目前广泛存在于岭南保障性住房之中的各种流线组织方式，从而让他们选出最喜爱的套型流线组织方式（图 4-48）。

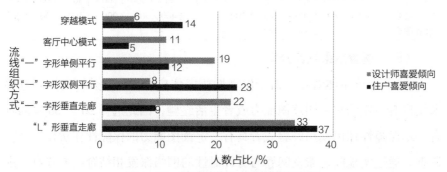

图 4-48 流线组织方式喜爱倾向分析

由统计数据结果可以看出，住户和设计师都比较偏爱"L 形垂直走廊"的流线组织方式，而住户较喜爱的是"一字形双侧平行"布置方式。而设计师则更喜爱"一字形垂直走廊"和"一字形单侧平行走廊"。

住户所喜爱的流线组织方式比较明确地划分了卧室和公共活动空间区域，更有利于保障卧室区域的私密性，并且这种流线组织对于使用效率来说也相对较高，纯交通空间较少，相对较为经济。关于住户和设计师对于"一字形垂直走廊""一字形单侧平行走廊"及"一字形双侧平行走廊"之间的差异性，住户是从自身的需求出发考虑问题，希望获得"一字形双侧平行"这样的大面宽户型，从而获得更多的采光、通风，以及减少各房间之间的相互干扰，而设计师则更多地从使用效率和平面形状出发，采用交通面积更省的"一字形单侧平行"和"一字形垂直走廊"模式，有利于保障建筑面积并且使平面规整，也有利于进行后续的结构设计。

B. 厨卫关系。厨房和卫生间是户型中主要的"湿区"，其二者功能的不同又使得住户在心理上要求二者有一定的距离，但是从经济角度出发，又要求二者相互靠近，以确保管道铺设长度最短。根据喜爱倾向性问卷分析发现，在心理的需求层面，设计师和住户均最认同"厨卫分离"的设计方式。对设计师而言，认可度较高的方式主要有"厨卫分离靠近入口""厨卫紧邻靠近入口""厨卫紧邻靠近卧室"，这三种方式的优势是能利用玄关和客厅组织交通，空间浪费较少，干湿分区明确，厨卫相互靠近利于铺设管道。住户则倾向于选择"厨卫分离靠近入口"和"厨卫紧邻靠近客厅"的方式，这两种模式的共同点就在于二者均处于户型靠近入口的区域，住户比较喜欢"厨房—客厅—卧室"的空间序列（如图4-49）。这也体现出设计师注重功能分区并考虑保障性住房使用效率的特点，住户则更关注实际使用需求及空间序列的关系。

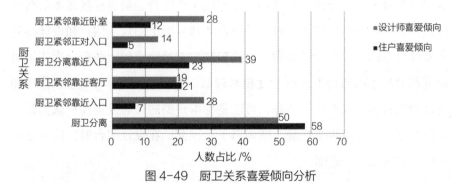

图4-49　厨卫关系喜爱倾向分析

C. 餐厨关系。对于餐厨关系，设计师和住户取得了较为一致的意见（如图4-50），认为厨房和餐厅是密不可分的，这比较符合住户的一般行为模式。如果因为面积而强行分开，则容易产生使用上的不便。住户和设计师均喜爱的餐厨关系是"厨房经过玄关到餐厅""厨房经过客厅到餐厅""厨房经过走廊到餐厅1"这三种。其共同特点是餐厅到厨房路径不长，没有横穿其他功能房间，仅穿越玄关、走廊等交通空间。

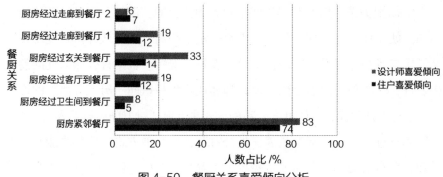

图 4-50 餐厨关系喜爱倾向分析

因此，在设计保障性住房餐厅与厨房的时候应注意尽可能将二者相互靠近，缩短距离。如设置有困难，最好是结合玄关或走廊等交通空间，勿使烹饪行为与其他行为发生交叉。

D. 阳台形式。设计师与住户对双阳台 2 的倾向性一致，即更倾向于生活阳台与服务阳台分离，并且是客厅连接生活阳台、厨房连接服务阳台的模式。在单阳台的选择上，对于单阳台 2 和异形单阳台，住户和设计师的喜爱度也较高，表明设计师和住户比较倾向选择面宽较大的阳台形式，对面宽相对较小的阳台形式喜爱度相对较低。对于大面宽单阳台 3，住户和设计师的喜爱程度产生了差异，可能是样本户型的摆放使得住户认为是东西向户型，从而产生了抵触（图 4-51）。因此，在设计阳台时，应尽量保证阳台的面宽大于进深。

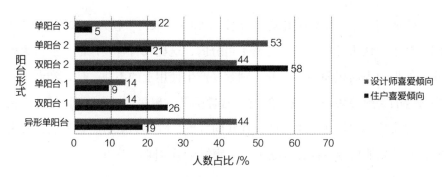

图 4-51 阳台形式喜爱倾向分析

E. 卧室位置。对于卧室空间的布局，可以看出设计师更偏爱"卧室对走廊开门1"和"卧室对走廊开门2"，并且卧室集中设置便于从功能上进行动静分区。而住户相对比较偏爱"卧室对走廊开门1"和"卧对客厅餐厅开门"这两种模式，这两种模式相对差异较大，其共同特征是卧室相对靠近，且对客厅的使用干扰较小，不会因为开门位置影响客厅的电视机摆放（图4-52）。因此，在设计卧室布局时，应该更多地考虑将多个卧室靠近设置，且开门位置尽量不要影响其他功能空间的使用。

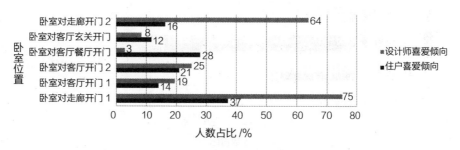

图 4-52　卧室位置喜爱倾向分析

F. 入户模式。入户模式关系到住户回家这个比较关键的行为，其空间过渡效果会容易使人产生家庭归属感，进而促进社区的健康发展。设计师从实际出发大部分倾向设置玄关作为入户过渡空间，而住户则更希望能有个入户花园这样的半室外空间进行过渡（图4-53）。

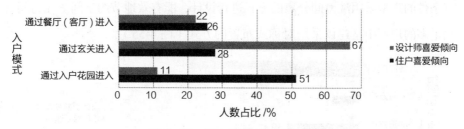

图 4-53　卧室位置喜爱倾向分析

因此，可以考虑在公共空间进行调整。通过设置扩大的半开放公共空间，一方面，满足空间过渡的心理需求；另一方面，尽可能达到住户所想要的入户花园体验。

②设备与设施需求如下。

保障性住房中厨房的布置更多的是要考虑使用的方便与使用的效率，根据统计发现，设计师和住户普遍倾向选择"L"字形布置的厨房，封闭式一字形次之，由于中餐的制作工艺问题，做饭的油烟较大，开放式厨房普遍不受青睐（图4-54）。因此，建议将保障性住房的厨房设计成封闭式"L"字形。

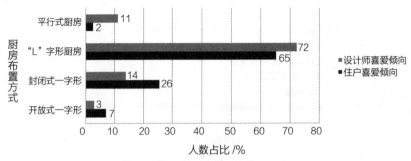

图4-54 厨房布置喜爱倾向分析

住户和设计师普遍倾向洗漱间分离式的卫生间，一方面，因为卫生间数量有限，如果有人进行便溺，则无法进行洗漱；另一方面，独立出来的洗漱间可以与走廊复合设计，节约空间。对称式布置则是将坐便器与淋浴间对称布置，中间以门和洗脸盆对置，干湿分区明确也便于使用。因此，建议有条件的户型采用洗漱间分离的方式进行设计，能有效地节约空间。在房间数量多的户型中，建议采用对称式布置的方式（图4-55）。

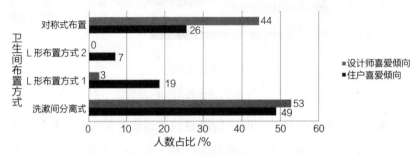

图4-55 卫生间布置喜爱倾向分析

设计师和住户均倾向于凸窗和转角凸窗，但是对于是普通窗还是转角窗并没有明显倾向。对于落地凸窗这种形式，设计师并不认可，而住户则对非转角的落地凸窗有一定的倾向，说明可能住户目前居住空间中部分地面面积较小，需要通过落地凸窗进行一定的弥补（图 4-56）。

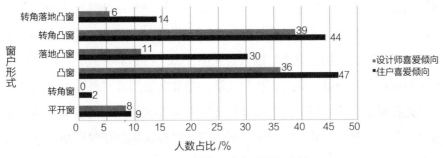

图 4-56 窗户形式喜爱倾向分析

③设计师设计关注点如下。

根据统计，设计师认为保障性住房的户型设计主要应该关注居住的舒适性、实用率、精细化设计、适老性设计、可变性设计、标准化设计等直接关系到住户居住质量的方面，以及如何保障居住人数。相对来说，技术层面的信息化设计、工业化设计、绿色节能设计在保障性住房户型设计层面重要性不高。部分设计师还提出应考虑以社会公平为主，笔者认为这个观点在保障性住房户型设计层面应体现为对不同年龄段人群的公平，不同户之间在空间品质（通风、采光等基本要素）上的公平（图 4-57）。

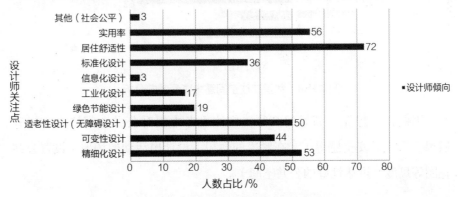

图 4-57 户型平面形式设计师倾向分析

④邻里交往需求如下。

邻里交往的行为主要发生在户型的公共空间，因此公共空间设计的考虑因素十分重要。目前的保障性住房基于实用率指标的控制，将公共空间尽量设计得紧凑，导致许多空间舒适度降低，不利于住户产生停留感，进而影响邻里交往行为的发生。针对公共空间，住户和设计师都认为能促进交往的最主要因素有自然通风与采光（自然环境因素）、增设空中花园（交往行为场所）等，相对重要的因素有采用外廊式的布局方式、增加候梯厅宽度和加宽公共走道。另外，住户还认为增加防盗门及将外廊设计成栏板式会更有利于交往。因为设置防盗门能够有利于保障户内的安全，离开家出门也会相对放心，并且可以常打开内门，以便通风和使邻居知道家中是否有人。栏板的设计会提升住户在高层建筑中活动时心理的安全感。部分设计师还针对目前的户型状况，提出了反对在楼梯上进行修改设计的意见，以及设置可达性好的小空间供人使用的意见（如图 4-58）。

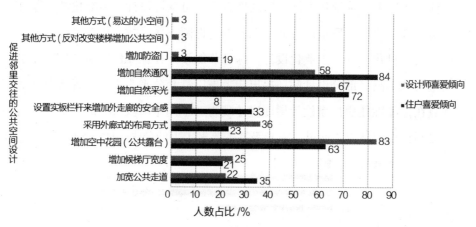

图 4-58 邻里交往空间需求喜爱倾向分析

因此，要想促进邻里的交往，应注重考虑提升公共空间质量（提升通风、采光、安全感等）、在紧凑的面积下设计出活动的场地（设置公共花园等尺度、可达性好的公共空间）。

⑤朝向需求如下。

目前，庞大的建设指标和容积率要求使得岭南保障性住房产生了不少纯北向户型。设置涵盖各种朝向的户型，让住户选择三种以上最想居住的户型，从而尽可能排除住户的选择集中在某一朝向的可能性，尽可能了解到住户在对南向以外其他朝向的倾向。通过统计可以发现，住户更加倾向于住在南向的户型和东南向的户型。因此，在条件允许的情况下，住户会更倾向选择偏东向而不是偏西向的户型（图4-59）。

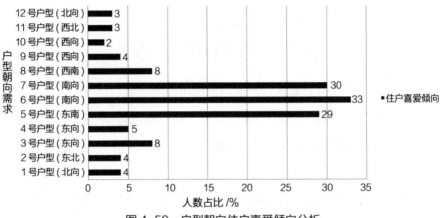

图4-59　户型朝向住户喜爱倾向分析

⑥平面组合形式如下。

户型平面组合形式直接影响整体的通风、采光这类基本需求。让设计师从通风、遮阳、隔热这三个岭南地区必须面对的地域性气候特征入手，从目前常用的平面组合形式中选取适合岭南地区的平面形式。最受青睐的是蝶形，其次是L字形和V字形，接着是十字形，其他平面形式得票较少（图4-60）。蝶形为深圳地区普通商品住宅常用的平面形式，特点是前后遮挡少，通风效果好。L字形与V字形也是目前深圳保障性住房选用过的平面形式，通风、采光具有一定的优势。十字形为现代香港公屋比较成熟的户型之一，广州保障性住房目前多采用此形式，具有较好的工业化建造效率，但是通风问题较难处理。因此，为了应对岭南地区的湿热气候，建议保障性住房多采用蝶形、L 字形、V 字形平面。

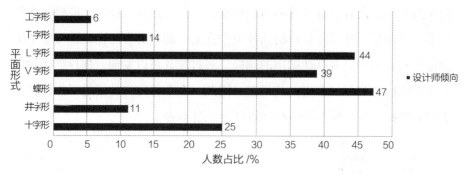

图 4-60　户型平面形式设计师倾向分析

4.3.1.3 岭南保障性住房住户的户型使用倾向总结

本部分围绕"岭南保障性住房户型"和"使用倾向"两个要素开展研究工作。采用准实验研究法并结合前面所获得的使用平面图进行分析，得到以下结论。

第一，空间利用主观使用倾向。①通过设置吊柜对空间进行立体化利用；②利用公共空间摆放鞋柜；③在厨房没有位置放置冰箱时，对冰箱的摆放位置住户没有特别的倾向；④住户倾向利用凸窗、窗台等空间与其他功能复合利用。

第二，家具布置倾向。①利用折叠餐桌或移动餐桌来节约空间；②倾向选择较大沙发满足客人来访需求；③倾向在客厅或主卧室布置电脑桌；④住户倾向取消床头柜；⑤次卧室倾向选用单人床；⑥阳台有加设洗脸盆的倾向；⑦厨房内部操作台有选取 L 形布置方式的倾向；⑧卫生间、洗漱间宜独立出来结合走道布置，节约空间；⑨住户更倾向选择不落地凸窗的形式。

第三，空间布局倾向。①倾向于餐厅结合客厅使用；②住户更倾向选择"厨房—客厅—卧室"的空间序列关系；③厨房与卫生间条件允许尽量分离，可以考虑两户的厨房与卫生间相互拼接，便于铺设管线；④如面积条件允许，尽量选择客厅配置生活阳台、厨房配置服务阳台的模式；如面积紧张，阳台最好设计成面宽大的形式；⑤住户更倾向于南向和东南向户型；⑥从岭南地区亚热带湿热气候的气候适应性考虑，设计师认为蝶形、L字形、V字形平面比较适合岭南地区的保障性住房。

第四，交往空间倾向。①住户不倾向在公共空间进行种花行为；②户型公共空间的通风、采光的提升，以及设置空中花园均在一定程度上使住户愿意在其中活动；③在户型公共空间的栏杆设置栏板，容易使住户产生安全感，并愿意在其中活动；④设置防盗门容易提升通风的效果，并且让住户可以安心地在公共空间活动。

第五，私密性需求倾向。①在入口设置隔断，保障户内私密性；②在卧室和客厅复合的公寓户型中，住户倾向用柜子遮挡床的长边来保障私密性；③住户更喜爱私密性较好的"L形垂直走廊"的流线组织模式；④住户更希望选择私密性较玄关弱一些的入户花园（阳台）作为入户的过渡空间。

4.3.2 户型空间使用方式评价概述

在岭南保障性住房户型中，由于其本质上只保障基本的居住需求，因此与一般商品房的居住行为有所不同。本部分以实地调研为主，通过对户内使用平面图的收集来分析住户的行为轨迹及相对应的行为需求，同时通过观察户型公共空间发生的行为类型，从而归纳出户型公共空间的行为特点与行为方式，进而得出相对较为全面的户型使用方式评价结论，为后文的概念性户型设计提供设计依据

针对保障性住房户型使用方式的研究最为接近的就是居住实态调查，通过对文献资料的整理，可以归纳出一些针对岭南保障性住房户型有价值的结论（表4-67）。

表4-67　户型居住方式部分研究举例

序号	研究主题	主要结论	研究者
1	青年人居住需求	通过对高校片区周围的青年人住所进行入户调研及问卷调查，发现其使用现状存在的问题及向往的居住模式，提出青年人公租房的空间组织方式和空间设计要点，并进行设计尝试	齐际[90]
2	适老性能	入户调查30户，采访41位受访住户，总结出适合老年人的套内空间组合模式，包括布局和尺度、功能构成、套型组合和标准层设计、物理环境等，以及提出经济适用房适老性评价指标	戚文钰[91]
3	居住需求	通过对中小套型住宅进行入户调研和问卷派发，分析提出中小套型住宅套内空间的适宜尺寸	梁树英[60]
4	"两代居"空间需求	通过对广州、顺德地区的经济适用房进行研究，提出经济适用房"两代居"模式与模拟方案	梁智文[11]
5	集合住宅背景的保障性住房户型研究	通过类比其他国家集合住宅户型特点，以及对居住需求的分析，提出保障性住房的面积和空间尺度	孙琪
6	低收入保障性住房社区空间形态研究	通过开展问卷调查、对设计师的访谈、入户调研、保障性住房设计竞赛总结等工作，对保障性社区空间形态进行分析，得出对规划和单体的设计策略	孙健[67]
7	空间适应性	发放143份调查问卷，提出套型空间的多用性、灵活性、多维性、复合性、无障碍、可调剂空间等方面的适应性策略和设计尝试	张瑞[92]
8	工业化设计	通过对不同人群居住模式的调研，以及预制装配式混凝土技术的分析，得出居住模式、装配式混凝土技术与户型结合的设计策略	张博为[93]

4.3.2.1 研究设计

（一）研究对象

本书的研究对象是岭南保障性住房，由于目前的居住实态调查多从套型空间入手，而且多是分析目前的使用现状，较少涉及标准层范围内的公共空间研究。因此，为了更全面地评价一个户型，落实到本部分的评价对象，则需要细分为户外公共活动空间和户内活动空间，分别对应的是邻里交往行为和居住活动行为。

为了更全面地评价岭南地区的保障性住房户型，通过对大量保障性住房小区的实地走访，最终选择了平面类型及地域各有不同的五个保障性住房小区作为主要研究对象，分别是深圳的松坪村三期、梅山苑二期、龙悦居三期和广州的芳和花园、广氮花园。

（二）研究目的

（1）通过对岭南保障性住房户型的使用现状的观察与分析，发现现有户型设计上所存在的问题。

（2）通过统计分析，得出使用者对岭南保障性住房户型的使用方式，进而提炼出比较共性的岭南保障性住房使用者行为特点，以及家具选择特征，从而为后续的户型设计模式的提出提供支持。

（三）研究内容

研究主要分为三大部分，分别是前期的先导性研究、使用平面图的收集整理、结果分析等（图 4-61）。

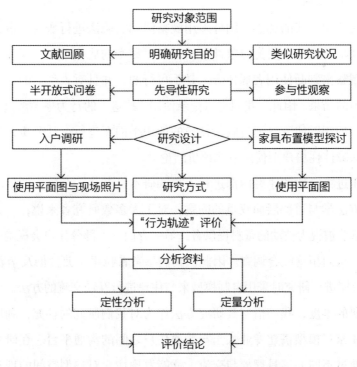

图 4-61　使用方式评价研究工作框架图

（1）整理及阅读分析与本书相关的国内外相关文献、现场观察与访谈，得出研究对象的真实居住状况。

（2）通过入户调研及家具布置模型讨论等手段，收集并分析使用者对目前户型的使用现状平面图。

（3）分析使用者使用方式与原设计使用方式的区别及产生的原因、空间的设计与家具选择的关系、行为轨迹与空间需求（包括私密性需求、空间利用需求等）。

（四）研究方法

（1）非介入式调查法：非介入式调查法是源于社会学研究方法的一种重要方法，是一种在不影响研究对象的情况下对社会行为进行研究的方法。它既可以是定性的，也可以是定量的。其最主要的特点是不直接介入使用者的生活场景[94, 95]。

针对使用方式的调查，国外多用观察法和实验法进行研究。由于岭南保障性住房户型这个研究对象涉及的是相对私密的居住单元，因此通过长时间的观察来判断使用者居住方式是不可行的，并且对人生活的介入会产生不客观的结果。因此，我们将以记录使用"痕迹"的行为地图法进行"行为轨迹"的跟踪研究，通过收集住户的使用平面图进行统计分析，从而得出岭南保障性住房户型使用方式评价结论。

由于进入一般的家庭内部进行入户调研本身就是一个巨大的挑战，当中涉及方法学与道德层面双重的问题。对于大多数研究者来说，一方面，受访者依然被视为被动的资料提供者；另一方面，大部分住户会视隐私为重要问题，从而拒绝配合调查。因此，我们参考希拉里·弗兰彻及李欣琪[53]对香港公屋进行研究时采用自制模型来与住户进行互动交流的方法。考虑到入户调研的难度，我们借鉴其研究方法作为对我们研究的补充，利用概念化的立体家具模型搭建专业人士与普通住户之间的沟通平台。在研究的过程中，通过不同的家具摆放与交流，就能发现住户对户型空间的理解与关注点。以模型手段作为沟通的平台，能比较有效地跨过住户对入户调研的防御抵触心理，获得第一手的户内使用评价，而且可以作为立体化的问卷信息进行"行为轨迹"评价，这是建筑使用后评价方法的一个新尝试，对于使用方式评价有一定的推动作用，还能在互动过程中取得住户一定的信任后进行入户尝试（图4-62）。

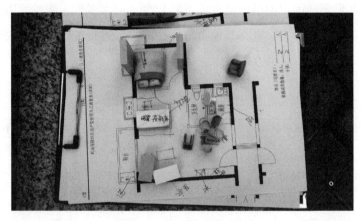

图 4-62　立体化问卷示例

（2）开放式问卷：针对户型的目前使用状况，通过入户调研和逐个访谈的方式进行调查研究，了解目前使用现状及产生原因，并利用建筑学专业背景对目前岭南保障性住房户型进行评价。

4.3.2.2 使用平面图"行为轨迹"分析

本研究选取广州、深圳两地共计五个保障性住房小区进行研究，收集到的使用平面图共计44份，其中通过入户调研获得的使用平面图为16份，户型装修资料收集14份，通过立体化问卷收集的使用平面图14份。一房一厅户型18户，两房一厅23户，三房一厅户型2户，单间户型1户。

我们将从四个方面入手进行分析：①居住现状与设计意图的不同之处；②家具或设施设备布置；③平面空间尺度意向；④不同空间复合利用的可能性。

（一）样本户型空间功能分配

通过对目前已建成的保障性住房小区户型进行整理，根据小区规模、栋数、户型平面组合形式、单个户型的特点进行选择，选取深圳的龙悦居、梅山苑二期、松坪村三期和广州的广氮花园、芳和花园进行使用方式的调查（表4-68）。其套型组合方式分别对应前文空间分类的线形布局和枝形布局，环形布局的户型目前掌握的资料较少，且大多暂未建成，因此针对环形布局的空间特点，选择其他类似的住宅户型进行替代，主要关注其环形公共空间的具体使用方式。

表 4-68 研究对象信息统计表

小区名称	总建筑面积/m²	户型类型	户型面积/m²	典型户型组合平面
龙悦居	816 000	一房	35.00	
		一房一厅	50.00	
		两房一厅	70.00	
梅山苑二期	102 072	两房一厅	48.56	
		两房一厅	49.53	
		一房一厅	33.98	
		一房一厅	39.64	
松坪村三期	228 447	两房两厅	59.35	
		两房两厅	59.15	
		两房两厅	61.05	
广氮花园	342 112	两房一厅	60.46	
		两房一厅	58.64	
		三房一厅	69.72	
芳和花园	433 932	两房一厅	60.90	
		两房一厅	64.10	

本次所收集到的使用平面图包含的户型主要有 14 种（图 4-63 ～图

4-76），以目前政府供应数量最多的两房一厅户型为主，供应量较少的一房一厅及三房一厅为辅。主要功能配置是"主卧室＋次卧室（或儿童房）＋客厅＋厨房＋卫生间"。

图 4-63　龙悦居三期两房
一厅户型家具布置图

图 4-64　龙悦居三期单
间户型家具布置图

图 4-65　龙悦居三期一房
一厅户型平面图

图 4-66　梅山苑二期两房
一厅户型家具布置图 a

图 4-67　梅山苑二期两房一厅
户型家具布置图 b

图 4-68　松坪村三期两房两厅
户型家具布置图 a

图 4-69　松坪村三期两房
两厅户型家具布置图 b

图 4-70　芳和花园三房一厅户
型家具布置图

图 4-71　芳和花园两房一厅户型
家具布置图 a

图 4-72　芳和花园两房一厅户型
家具布置图 b

图 4-73　芳和花园两房一厅
户型家具布置图 c

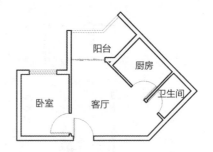

图 4-74　广氮花园一房一厅户型平
面图

 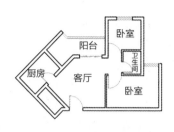

图 4-75　广氮花园两房一厅户型平面图 a　　图 4-76　广氮花园两房一厅户型平面图 b

　　根据对目前收集到的使用平面图进行分析，由于面积紧凑，各功能空间已经出现设计的或自发的复合利用方式，如餐厅与客厅、卧室与客厅等，这种三维或四维层面的空间叠合，是减小使用面积的最直接手段。

　　（二）室内改造部位及原因

　　通过对使用平面图的分析，我们看出目前住户针对户型的部分空间进行了改造，实际使用方式与建筑师设计意图存在一定的差异，主要体现在以下三处。

　　（1）卧室墙体改造。比如，深圳松坪村三期户型次卧室的平面尺寸为 2 400 mm×1 950 mm，根据户型图纸中的家具布置可以看出，设计师为这个紧凑的尺寸提供了两种家具布置方式，且均为单人床加衣柜的布置模式。第一种布置方式会产生床短边 0.4 m^2 左右的空间浪费，并且造成无法布置多功能书桌的缺点。第二种设计布置方式由于短边一侧房间长度仅为 1 950 mm，不满足一般床 2 000 mm 的长度，所以采用此方式布置家具需要定做特殊尺寸的床或者对墙体进行改造（图 4-77 ～图 4-79）。

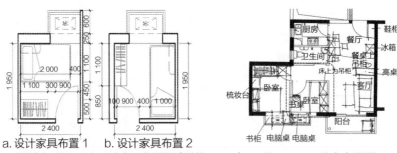

a.设计家具布置1　b.设计家具布置2

图4-77　松坪村二期次卧室设计家具布置图（单位: mm）

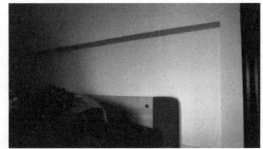

图4-78　卧室布置图

图4-79　次卧室墙体改造现状

（2）凸窗空间改造利用。凸窗空间原本作为采光及休憩的空间，但在保障性住房住户实际使用中，一般会充分利用其空间进行功能叠加来拓展室内空间，以便容纳更多的功能，如小孩床铺、晾晒竿、衣柜、书桌等（图4-80、图4-81）。

图4-80　凸窗兼容床铺和晾晒功能

图4-81　书桌结合凸窗布置现状

（3）吊柜和隔墙改造。小户型带来最直接的问题就是储物空间的不足，一般的户型设计图所设计的衣柜空间基本无法满足一个家庭的储物需求。一般户型设计图中所表达的储物空间主要包括衣柜、鞋柜。较少表达书柜（文化需求）、吊柜（竖向储物空间）。但是实际居住中储物的需求促使住户改造墙体，以储物柜作为墙体，在卧室开门区域上方及公共走廊上方设置吊柜，但是层高的限制使得吊柜的实际使用效果并不尽如人意，并且使走廊过于压抑（图 4-82～图 4-85）。

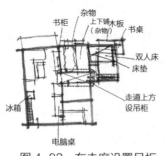

图 4-82　在走廊设置吊柜

图 4-83　走廊吊柜对卧室开口现状

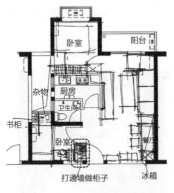

图 4-84　打通墙体设置柜子

图 4-85　打通墙体设置柜子现状

图 4-86　厨房门改造现状

（4）厨房门改造。一般设计的厨房门均为实墙上设置平开门，部分住户由于平开门占位置严重并且容易产生门后消极空间，因而主动改造成全透明玻璃门，以方便住户能快速进入并且内外有视觉联系（图 4-86）。

（三）家具及设施的布置特征

户型空间与对应的使用行为轨迹之间不仅受到房间隔断的影响，住户的行为模式也更多直接反映在家具的布置与摆放上。因此，必须提到"家具系数"这一概念。针对这一概念，赵冠谦老先生曾提到"目前家具占地面系数普遍偏高（40%～50%）"[96]；顾宝和老先生也曾提到"中小居室家具系数不宜超过 0.55"[97]。所以，在岭南保障性住房这样特殊的住宅类型中，房间面积的减小必然导致家具系数的增加，从而限定了活动行为。

根据目前掌握的使用平面图可以发现，由于家具布置和套型本身的联系比较紧密，而且所选取的近年来建成的保障性住房在面积规范上也比较接近，因此广州和深圳两地整体的家具选择没有太大的差异。通过使用平面图的家具布置情况所反映出的住户行为轨迹，我们发现具有以下特征。

（1）入口（玄关）空间。保障性住房户型入口空间的家具布置比较简单，主要就是鞋柜，一般发生更衣与换鞋的行为。其主要使用方式有以下四种：

①利用门背后设计预留鞋柜空间（30 频次），部分住户则在预留鞋柜上部自己装设柜子，以增加储物空间（图 4-87、图 4-88）。在一定程度上反映出住户的储物空间不足。

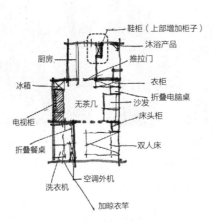

图 4-87　鞋柜上方装储物吊柜　　图 4-88　鞋柜上方装储物吊柜现状

②没有设计鞋柜摆放位置的户型多利用开门一侧布置鞋柜，便于入户时换鞋使用（6频次），一般此类鞋柜多采用简易组合鞋架，具有较强的灵活性（图4-89、图4-90）。

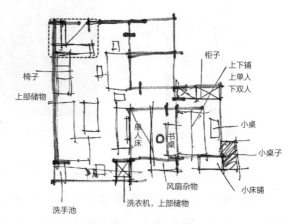

图 4-89　入口设置简易鞋柜　　　　图 4-90　入口设置简易鞋柜现状

③玄关空间不设鞋柜（8频次），利用户外公共走廊或楼梯间等公共空间设置鞋柜。

④由于保障性住房户型面积紧张，如果在玄关处设置柜子等家具对室内进行遮挡，会产生较多交通面积，因此大部分住户均采用无遮挡的家具布置模式（35频次），但依然有一部分住户通过在入口设置柜子（图4-91）或者设计空间布局产生对入口的遮挡（9频次），这也体现了住户对入口私密性的迫切需求。

图 4-91　设置柜子阻挡视线

（2）客厅＋餐厅。由于保障性住房具有紧凑型居住的特点，因此其起居空间（客厅）与用餐空间（餐厅）往往因为需要减少交通面积而并置甚至合并使用。这里是整个房间的核心部分，也是私密性较强的卧室空间向公共走廊空间过渡的半私密区域。因此，其能承担的家庭活动是多种多样的，主要包括家庭的一般起居活动、娱乐活动、用餐活动等。设计图纸在客厅和餐厅的家具布置中多数只布置"沙发＋茶几＋电视柜与电视机＋小餐桌+2～4把餐椅（根据餐厅面积大小决定）"，只有少数户型在设计图上表达了冰箱位置的设计。根据目前对已建成岭南保障性住房的调研可以发现：

①餐桌及配套的餐椅由于体积较大，且每天使用次数较少，在保障性住房中重要程度低于其他家具，可以被住户更多地采用折叠式餐桌（16 频次）（图 4-92、图 4-93）代替或者取消餐桌（11 频次）而利用高茶几来替代餐桌，从而释放空间，较少采用正常尺寸的餐桌（9 频次）。这反映出住户在面积紧凑的条件下，更注重客厅这样的起居生活空间，相对可以接受分时段使用的餐厅空间缩小或者与客厅叠合使用。

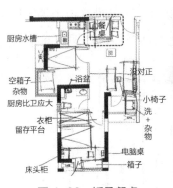

图 4-92　折叠餐桌

图 4-93　折叠餐桌现状

②由于面积因素的影响，大多数餐桌采用一面贴墙、三面布置椅子的方式（15 频次），部分以折叠餐桌围绕布置客厅家具的住户才能做到餐桌四面布置椅子（10 频次），极少数人数少、户型面积小的家庭会将餐桌设

置在墙角或者墙与其他家具形成的夹角处，在双侧布置椅子（3 频次）。

③为了平时餐桌能最小地影响空间的使用，大部分家庭均将餐桌的长边靠近墙体布置（12 频次）。

④沙发的坐人数量依据户型的面积、使用人数、使用习惯和住户原有家具来定，单间户型多采用双人沙发（10 频次），而大多数住户由于需求的不同或者由于公租房本身具有一定流动性的特点，选择购买或从原居住地搬来占地面积较大的三人沙发（19 频次）。

⑤在条件允许的情况下，某些住户会更喜欢采用 L 形沙发（图 4-94、图 4-95）。一方面，这样有利于限定客厅与餐厅空间；另一方面，可以通过将 L 形沙发短边靠阳台门不常开的一侧，从而在不影响客厅采光的前提下充分利用空间。

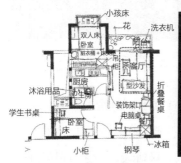
图 4-94　L 形沙发的布置

图 4-95　L 形沙发的布置现状

⑥茶几是每个拥有沙发的家庭几乎必备的家具（33 频次）。

⑦大部分家庭需要在客厅空间布置电脑桌（14 频次）或者利用沙发组合简易折叠电脑桌（3 频次），才能满足日常使用需求。

⑧大部分家庭电视柜仍然采用的是常用的矮柜（23 频次），部分家庭为了节省空间取消了电视机或者单独取消电视柜（10 频次），少数家庭电视机采用悬挂式，将电视机挂在墙上（6 频次）。

⑨冰箱的布置在起居空间与用餐空间中比较灵活，可以根据空间的大

小随意摆放，对日常使用影响较小。目前保障性住房户型中冰箱的摆放位置主要有紧贴沙发摆放（7频次）、紧贴电视机摆放（4频次）、紧贴电脑桌摆放（3频次）、紧贴书柜摆放（4频次）、紧贴衣柜摆放（2频次）、紧贴厨房门摆放（2频次）等。并且几乎没有住户提出冰箱远离厨房会影响使用，反映出冰箱作为厨房操作主要流线在保障性住房这样的紧凑居住条件下是可以适当拉长的（图4-96、图4-97）。

图4-96 冰箱设在厨房外

图4-97 冰箱设在厨房外现状

（3）厨房。发生在厨房的日常生活行为主要有"清洗、备餐、烹饪、储藏等"，因此与之相对应的家具设施主要有"洗菜盆＋煤气灶＋橱柜＋（冰箱）"，住宅中厨房主要布置形式有"单列式、双列式、L形、U形"四种，落实到保障性住房这种紧凑式居住条件下主要采用单列式和L形两种。通过入户调查可以发现厨房在使用上仍然存在以下现象：

①部分厨房设计面积过小，烟道尺寸巨大，影响住户日常使用（图4-98）。

②厨房操作面临时存放空间不足，要利用室内餐桌或地面等空间对购买的饭菜进行临时存放（图4-99）。

③部分住户利用厨房窗台进行调料瓶的临时存放，如果采用凸窗形式还能临时存放一些蔬菜（图4-100），便于使用。

图 4-98　梅山苑二期厨房
设计图

图 4-99　利用餐桌进行
临时存放

图 4-100　利用窗台
进行存放

（4）卫生间。卫生间的功能主要有四个——"盥洗、便溺、洗浴、洗衣"，其对应到卫生间的洁具布置就是卫生间的"四件套"——"洗脸盆、马桶、浴缸、淋浴间"。由于保障性住房仅仅保障基本居住需求，因此卫生间多采用"洗脸盆＋马桶＋淋浴间"组成的三件套卫生间。目前，对卫生间使用上存在以下三种现象：

①由于存在不同年龄段的人洗浴要求不同，以及有洗拖把等日常清洁行为的需求，卫生间会产生一定数量的桶和盆子，因此出现淋浴区域平时需要存放盆子和桶而在洗浴时移开的使用现状（图 4-101）。

②目前，住户洗浴用品一般放置位置有靠近淋浴莲蓬头的窗台、马桶水箱上部、单独安装的架子三种。淋浴功能宜紧邻窗户或者马桶，以便利用窗台或者马桶水箱上部进行洗浴用品的存放，降低住户为放置洗浴用品购置架子所需要的成本及放在地面所产生的不便（图 4-102）。

③由于女性住户在使用卫生间时有化妆的行为，因此需要存放大量化妆品的空间，部分住户采用的是在洗脸盆上方增加置物板的方法来达到此目的（图 4-103）。

图 4-101 利用淋浴区域放置盆子和桶

图 4-102 利用窗台及水箱放置洗浴用品

图 4-103 洗脸盆上方加置物板

（5）主卧室。一般商品住宅主卧室空间家具布置模式是"双床头柜＋双人床＋电视柜＋衣柜"，但是由于保障性住房的面积所限，对目前设计师图纸的分析可以发现，卧室主要是"双走道双人床＋双床头柜＋衣柜"的家具布置模式。可参考的主要行为轨迹如下：

①利用凸窗空间布置其他家具或堆放杂物（所调研户型共24户设置有凸窗，布置其他家具或堆放杂物的19频次），其中利用凸窗布置书桌（电脑桌）或者梳妆台的共计7频次，布置床铺的2频次（图4-104、图4-105），布置衣柜的4频次（图4-106、图4-107），堆放其他杂物的6频次。由此可以看出，凸窗空间对于保障性住房主卧室来说是十分重要的。根据分析及与住户的沟通了解到，产生这些空间复合利用的主要原因首先是保障性住房属于紧凑型居住条件，储物空间不足，无法满足生活需求，因此需要通过牺牲部分凸窗的通风、采光效果来换取使用空间；其次是由于计算机已经与人们的生活紧密结合在一起，卧室设置电脑桌也已经开始有普及化的趋势，设计师应在设计时考虑电脑桌的摆放。

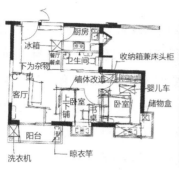

图 4-104　凸窗布置床铺平面图　　　　图 4-105　凸窗作为床铺使用现状

图 4-106　凸窗布置衣柜平面图　　　　图 4-107　凸窗布置衣柜使用现状照片

②目前，保障性住房中床的布置大多数都不按照设计师提供的双走道模式布置，而多采用单走道模式（31频次），并且也存在部分卧室与客厅之间没有隔断，而在床旁边紧邻布置吊柜，从短边上床以保证生活的私密性。由此可以得出，卧室床的布置注重私密性，以及在面积较小的前提下，住户更希望有更宽的单走道而不是较窄的双走道。

③大多数住户由于卧室面积较小，因此取消床头柜的布置（33频次）；部分住户选择单床头柜布置（9频次），只有极个别住户采用双床头柜布置。

④由于是三代同堂，因此主卧室提供给老人和小孩，利用上面单人床下面双人床的高低床（1频次）。因此，可以考虑利用老人与小孩合住的

模式来提升户型对人数的适应性。

（6）次卧室。各位设计师对次卧室功能的理解有所不同，而且次卧室的尺寸是控制整体面积的重要手段，使得其尺寸和家具布置各有不同。根据目前掌握的图纸可以看出，次卧室主要的家具布置情况有"单走道双人床＋单床头柜＋衣柜""单走道单人床＋单床头柜＋衣柜""单走道单人床＋书桌""单走道双人床＋单床头柜"。从设计师对于次卧室的家具布置就可以看出，目前设计师对于次卧室功能理解的差异，其设计的使用者分别对应的是夫妻一方的父母卧室和儿童卧房，由于两房一厅或三房一厅均存在老人居住或者小孩居住的可能性，因此次卧室在精细化设计的层面需要考虑其居住对象的可变性特点。目前掌握的使用平面图中 19 张是一房的户型，无次卧室，其余 25 张为两房一厅或三房一厅户型，可参考的主要行为轨迹如下：

①大部分家庭有在次卧室中设置书儿童桌或者电脑桌的倾向（16 频次）。可能由于大部分家庭的次卧室均作为儿童卧室，因此次卧室的家具布置需考虑兼顾儿童平时学习场所的功能。

②由于面积紧张，大部分次卧室均不设置衣柜（13 频次），进而采用其他方式对储物空间进行补充，主要采用的是床上方吊柜（2 频次）、床底的储物柜（1 频次）、利用临时简易柜（2 频次）。

③由于在次卧室空间中较少使用床头柜（1 频次），通过与使用者沟通可以得知，使用床头柜的原因是其可以作为高低床上床的踏板。床头柜本身在次卧室中已经属于非必要的家具。

④大部分次卧室均采用单人床布置（15 频次），部分住户为了增加次卧室对人数的适应性及增加储物空间而采用上下铺的高低床（7 频次），仅有少数家庭通过取消衣柜、利用凸窗摆放衣柜、利用床作为电脑椅使用等手段来摆放双人床（3 频次）。

⑤次卧室凸窗和主卧室一样，也有部分住户用以堆放杂物、摆放风扇、

摆放衣柜等（8 频次）。

（7）阳台。一般来说，阳台分为生活阳台和服务阳台，但是根据目前掌握的图纸来看，岭南保障性住房大多只有一个阳台，此阳台是供居住者进行活动和晾晒的空间，目前保障性住房阳台空间家具布置的主要模式是"洗衣机 + 晾衣竿 +（空调机）"。可参考的主要行为轨迹如下：

①大部分住户均按照原设计将洗衣机设置在阳台（43 频次），仅有1 例将洗衣机设置在卫生间。因此，可以判断在阳台设置洗衣机是比较符合住户使用习惯的。

②住户有在阳台增设洗手池的倾向（3 频次），由于在设计阳台时预留了洗衣机的进水管，因此在装修时有部分住户利用进水管分流增设洗手盆（图 4-108）。可能是由于卫生间未采用洗漱间与淋浴间分离的模式，以及阳台上的植物有日常浇灌的需求。

③部分有种植植物习惯的住户会牺牲阳台的有效使用面积（图 4-109）来种植植物（2 频次），因此可以通过设置不会增加面积的花池来在满足此类人群的需求，同时保障其阳台的有效使用面积。

图 4-108　在阳台增设洗手池

图 4-109　利用阳台种植植物

④由于面积所限，阳台的尺寸一般较小，大部分的已建成保障性住房均只为住户设计了一根晾衣竿，因此存在晾晒空间不足的问题，部分住户采用增加晾衣竿（图4-110）的方式补充晾晒空间（2频次），通过实地走访还发现存在利用凸窗晾晒、利用阳台扶手进行晾晒（图4-111）等针对晾晒空间不足的补充策略。

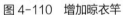

图4-110　增加晾衣竿　　　　图4-111　利用阳台扶手进行晾晒

⑤利用阳台空间进行储物（7频次），比如梯子和一些不常用的杂物及洗衣常用的洗衣粉、洗衣液等洗涤用品常被放置在阳台，其中有部分家庭将折叠餐桌放置在阳台，用餐时间移入客厅使用，从而减少餐桌在客厅中的占地面积，为餐厅空间的复合利用提供了方便。

（8）公共空间。户型标准层的公共空间主要包括公共走廊、候梯厅、电梯、公共楼梯等公共空间，其在主要用作交通的同时，也为使用者提供了一个交往的场所。通过对目前已建成保障性住房的公共空间进行观察，发现目前对公共空间的使用主要有以下四种方式（图4-112）：

①利用户外公共走道停放自行车、放置鞋柜、晾晒衣物、临时放置婴儿车等。

②利用公共楼梯间设置垃圾桶及堆放杂物，说明户内储物空间不足，需要借助公共空间进行补充。

③公共空间由于防火疏散的要求设置常闭式防火门导致居民使用不

便，通过现场走访发现居民为了使用方便，利用木棍卡住防火门，使之成为常开式防火门，虽然造成了一定的安全隐患，但是也提示了设计师选用常开式防火门对于公共空间的使用是有促进作用的。

④在公共空间设置的花池使用效率十分低，在实地走访的保障性住房社区中，发现设计了花池的深圳梅山苑二期和深圳深云村的花池利用率十分低，不是花池空置就是物业管理人员种了花却无人打理。

a. 鞋柜放在走道　　　b. 楼梯间设垃圾桶　　　c. 防火门打开　　　d. 花池现状

e. 楼梯间放杂物　　　f. 停放自行车　　g. 公共走廊晾晒　　h. 停放婴儿车

图 4-112　公共空间使用方式

（四）平面空间尺度

由于国家没有出台明确的保障性住房设计规范，因此针对房间面积标准或房间尺寸，各地依据自己的理解有着不同的侧重点，导致部分户型房间尺寸过小，难以布置家居。

平面空间尺度作为保障性住房户型最根本的要素，其尺寸的合理与否直接影响住户的使用。目前对户型各个房间的规定，深圳采用的是面积极值限定，广州则更多采用尺寸建议与控制（表 4-69）。

表 4-69　房间尺寸各地规范表

地区	深圳保障性住房				广州保障性住房
户型类比	A 类户型	B 类户型	C 类户型	D 类户型	—
起居室（厅）	10.0 m²				短边不宜小于 2 600 mm
卧室	9.0 m²	主卧 9.0 m²；次卧 5.0 m²			短边不宜小于 2 200 mm
厨房	—	3.5 m²	4.0 m²		—
卫生间	—		2.5 m²		—
阳台	—				—

目前，许多学者根据自己研究的内容，如居住需求、工业化等，提出了符合需求的各功能房间设计尺寸范围（表 4-70）。但是大部分均是通过对使用需求的分析来得出的参考尺寸，部分尺寸较大，难以完全符合保障性住房极小型居住的特点。

表 4-70　保障性住房户型功能房间建议尺寸表

区域	尺度	李敏[64]	李飞[2]	梁树英[60]	陈喆[97]	已建成户型图纸分析
门厅	长 /m	—	1.2～1.8	1.5～1.8	—	1.50～1.80
	宽 /m	—	1.5～2.7	1.5～2.1	—	1.20～1.50
客厅	长 /m	3.0～3.3	3.0～3.9	3.6～4.2	2.75	4.00～5.00
	宽 /m	3.5～4.5	4.5～5.9	3.9～4.5	2.50	3.00～4.00
餐厅	长 /m	1.2～1.5	1.8～2.4	2.4～3.0	—	合并至客厅
	宽 /m	1.5～1.8	2.1～2.7	2.7～3.6	—	
主卧室	长 /m	2.4～3.0	3.0～3.6	3.3～3.6	2.70	3.00～3.50
	宽 /m	3.2～3.6	3.3～4.2	3.6～4.2	3.05	2.75～3.00
次卧室	长 /m	2.1～2.4	2.4～3.3	2.7～3.3	2.70	2.50～3.00
	宽 /m	2.4～2.9	3.0～3.9	3.0～3.6	2.00	2.30～2.70
厨房	长 /m	1.8～2.1	1.6～2.7	1.8～2.4	2.50	2.60～2.90
	宽 /m	1.8～2.7	2.7～3.6	2.7～3.6	1.60	2.30～2.70
卫生间	长 /m	1.1～1.8	1.6～2.1	1.5～2.1	1.20	1.60～1.80
	宽 /m	1.5～2.4	2.2～2.7	1.8～3.3	1.50	2.00～3.00
生活阳台	长 /m	1.8～3.3	1.5～1.8	—	—	3.00～4.00
	宽 /m	1.2～1.5	3.0～3.9	—	—	1.20～1.50
服务阳台	长 /m	—	1.2～1.5	—	—	0.90～1.20
	宽 /m	—	2.4～3.0	—	—	1.50～2.00
其他空间	长 /m	—	1.5～1.8	—	—	1.10～1.30
	宽 /m	—	1.5～1.8	—	—	1.10～2.00

通过对已建成岭南保障性住房居住方式的观察，发现许多的常识认为必要的家具在紧凑型居住条件下是可以被牺牲掉的。因此，通过对这些行为轨迹的分析，可以直接得出哪些家具对于住户来说是不可或缺的，进而通过将人的活动类型与目前岭南保障性住房常用家具或设备设施进行关联（表4-71），可以便于分析各类活动的属性，进而可以通过合理的叠合，使得空间的使用效率更高。

表 4-71　使用行为与常用家具或设备设施关联表

区域		门厅			客厅			餐厅		主卧室					次卧室				厨房				卫生间			阳台				其他空间		公共空间
常用家具		鞋柜	储物柜	神龛	电视机与电视柜	沙发与茶几	电脑桌	冰箱	餐桌椅	双人床	衣柜	电脑桌	凸窗	床头柜/梳妆台	单人床/高低床	书桌	储物柜	凸窗	洗菜盆	煤气灶	操作台	凸窗（临时储物）	洗脸盆	马桶	淋浴间	洗手池（加装）	晾衣区	洗衣机	神龛	户内走廊	储藏	公共走廊
用餐	洗手																		●				●			●						
	用餐								●																							
	洗碗																		●													
睡眠、休憩	洗漱																						●									
	更衣										●			●			●															
	睡觉					●				●				●	●			●														
便溺	便溺																							●								
	盥洗																						●									
	擦手																									●						
洗浴	拿衣服										●						●															
	脱衣																						●	●								
	洗浴																								●							
	穿衣																						●	●								

229

续表

区域		门厅			客厅			餐厅		主卧室					次卧室				厨房				卫生间			阳台				其他空间		公共空间
常用家具		鞋柜	储物柜	神龛	电视机与电视柜	沙发与茶几	电脑桌	冰箱	餐桌椅	双人床	衣柜	电脑桌	凸窗	床头柜/梳妆台	单人床/高低床	书桌	储物柜	凸窗	洗菜盆	煤气灶	操作台	凸窗(临时储物)	洗脸盆	马桶	淋浴间	洗手池(加装)	晾衣区	洗衣机	神龛	户内走廊	储藏	公共走廊
出入	更衣		●																													
	换鞋	●																														
保育	换洗																						●	●	●							
	睡觉					●				●					●		●															
	活动					●	●		●								●													●		●
烹饪	存放							●	●													●										
	切菜																			●	●											
	烹调																		●	●	●											
	上桌								●																							
洗衣	取衣服																						●	●						●		
	洗衣																											●				
	晾晒																										●					
学习	阅读					●	●			●		●	●		●	●		●														
	工作						●			●		●	●		●	●		●														
娱乐	游戏					●			●	●					●												●			●		
	锻炼					●																					●					●
	看电视				●	●																										
	园艺																										●					
信仰	拜神			●																												
交往	会客					●			●																							
	聊天					●			●																							●

目前认为保障性住房各功能房间可以进行空间复合的，如表4-72所示。我们认为这种复合方式比较宽泛，难以真正指导设计。因此，应根据目前岭南保障性住房的居住方式，以家具作为单位进行复合。在实际使用中发现，由于各个小区对消防问题和小区风貌的执行力度不同，公共走道设计导致的采光、通风较差，从而公共空间的活动类型十分单一。前文将活动类型的私密性进行了排序，认为空间复合可以从以下四个方面进行考虑：①将私密性需求不高的活动（如换鞋、盥洗、洗衣、儿童游戏、园艺、拜神等）所发生的场所与公共空间进行复合化设计；②将户内私密性要求较低的功能空间（如卫生间的洗脸盆空间）与其他空间（如交通空间）复合；③储物空间与墙体空间复合，以柜子作为房间的分隔。

表4-72　各功能空间复合列表

功能空间	起居室	卧室	厨房	餐厅	玄关	生活阳台	服务阳台
起居室		●		●	●	●	
卧室	●					●	
厨房				●			●
餐厅	●	●	●		●	●	●
玄关	●			●			
生活阳台	●	●	●				
服务阳台			●	●			

因此，通过将行为类型和空间进行分类，可以得出更符合保障性住房紧凑型居住方式的空间需求。在前人对住宅精细化研究的空间尺度建议下，即"空间尺寸 = 人体动作尺寸 + 物体的尺寸"的紧凑居住尺寸，我们认为岭南保障性住房户型符合居住方式的最小建议尺寸如表4-73所示。

表 4-73　岭南保障性住房建议尺寸表

空间类型	家具或设施名称	人体动作尺度/mm	物体一般尺寸		建议尺寸		面积/m²
			长/mm	宽/mm	长/mm	宽/mm	
公共空间+门厅	晾衣竿	550	—	550	灵活设置		—
	公共走廊		灵活设置				
	鞋柜		400	700			
	储物柜		400	700			
	神龛		立体化设置				
客厅+餐厅	电视机与电视柜	550	1 200	400	2 900	3 900	11.31
	沙发（两人）		1 300	600			
	沙发（三人）		2 100	600			
	电脑桌	600	1 000	500			
	冰箱		600	600			
	餐桌椅		1 400	1 000			
主卧室	双人床	600	1 500	2 100	3 000	2 700	8.10
	衣柜		—	600			
	电脑桌		1 000	500			
	凸窗	—	灵活设置				
	床头柜/梳妆台	600	550	450			
次卧室	单人床/高低床	600	1 000	2 000	2 200	2 700	5.94
	书桌		1 000	500			
	储物柜（非衣柜）		立体化设置				
	凸窗	—	灵活设置				
厨房	洗菜盆	900	900	600	1 700	2 100	3.57
	煤气灶		700	600			
	橱柜		立体化设置				
	操作台		550				
	凸窗		灵活设置				
卫浴	马桶	600	700	350	1 700	1 200	2.04
	淋浴间		900	800			
阳台	洗手池	500	400	300	1 400	1 800	2.52
	洗衣机	500	600	600			
	空调机位	—	结合花池立体化设置				
其他空间	储藏		立体化设置		1 700	1 200	2.04
	洗脸盆	500	400	300			
	户内走廊		1 100	1 100			

（五）集约型家具产品类型

在保障性住房的空间复合利用方面，除了目前住户所自发产生的复合利用方式外，还有许多从空间节约角度设计的家具。因此，通过对目前空间节约型家具进行文献研究并查阅最新的家居设计，发现目前主要的空间节约型家具可以分为四大类 [98]：

（1）多功能：在实现其初始功能的基础上实现其他新功能的现代家具类产品。有很多不同的组合，适用性广，有很大市场。

（2）折叠抽拉：折叠家具是指可以通过折叠的操作将较大的面积或体积尽量减小的家具；而抽拉家具是指可以使家具本身延伸与扩大，既能隐藏自身又能在不使用时节约空间。

（3）模块化：模块化家具是指大规模批量生产的具有独立性的家具单元，其单元本身具有某种特定功能且可以进行组装拼接。通过住户自主的组合，创造出个性化的体验。

（4）便携式：便携式家具是指节约空间并且方便携带的家具，主要体现在其活动式的设计或装设轮子等可移动设施，或者通过形体的变化来减小体量，能够方便地将家具根据使用需要进行移动。

4.3.2.3 岭南保障性住房户型使用方式总结

本部分的评价旨趣是使用方式评价，采集数据的方式是通过调查员个别绘制使用平面图，并实施临时访谈。对样本数据主要采用定性分析，通过对使用平面图的统计分析，发现了目前已建成岭南保障性住房居住方式主要有以下三个特征。

（一）空间复合利用方式

凸窗空间与储物空间、床铺、书桌的复合利用；宜选用空间节约型家具，节约使用空间；利用鞋柜上方设置储物空间；利用可折叠餐桌，将餐厅空间与客厅空间进行复合利用；冰箱设备脱离厨房，与餐厅、客厅等空间复合，具有较大的灵活性；厨房食材临时存放区与凸窗、餐桌、墙角复合；淋浴区与卫生间窗台靠近，便于存放洗浴用品；次卧室采用高低床，提高空间使用效率和灵活性；户外公共空间与储物和临时存放（包括鞋柜、婴儿车、婴儿床等）空间复合；晾晒空间与公共空间、凸窗的复合利用；公共空间的防火门宜选用常开式。

（二）私密性处理方式

入口设置柜子进行遮挡，保障室内私密性；利用L形沙发划分餐厅空间与客厅空间，减少不同功能之间的互相干扰；在客厅中心模式的户型中，住户会通过设置门帘来加强户内私密性；厨房门设计成玻璃门便于内外进行视线交流，降低私密性。

（三）邻里交往需求

分隔消防前室的防火门建议设计成常开式来给住户提供更多的邻里交往可能性；邻里之间通过晒被子等在公共空间的活动行为可以获得邻里交往的机会；儿童在公共空间活动是促使父母相互认识、交往的途径之一。

5 岭南保障性住房规划户型设计及模式语言

5.1 岭南保障性住房规划户型设计导则

5.1.1 总则

为满足岭南保障性住房住户户型层面的基本需求，针对目前居住的一般状况，在有限的条件下指导适度舒适的岭南保障性住房户型设计。本导则主要包括以下六点原则：①尺度适中的面积、开间、进深，保障基本的行为活动区域；②符合行为和功能需求的适度房间面积分配比例；③相对合理且满足日常基本需求的功能配置和家具选择；④较高的适用性和灵活性；⑤较好地体现岭南地域性特征；⑥充分利用公共空间，将室内非私密行为室外化，进而促进邻里交往行为的产生。

5.1.2 平面布局模式

5.1.2.1 设计思路

为满足不同住户的需求，在目前岭南保障性住房典型布局的基础上，对套型的设计及流线组织，建议采用动静分区明确、私密性较强、空间使用效率较高的"L形垂直走廊""一字形单侧平行布置"模式，并且入户整体为"厨房—客厅—卧室"的空间序列关系，其概念性套型组成参考（表5-1）。

表 5-1　概念性户型套型组成参考

方案	方案一	方案二	方案三
套型组成	主卧室　阳台　客厅　卫浴间　洗漱间　餐厅　次卧室　厨房　玄关	主卧室　阳台　次卧室　卫浴间　洗漱间　客厅　厨房　餐厅　玄关	主卧室　阳台　次卧室　客厅　卫浴间　洗漱间　餐厅　厨房　玄关

在标准层组合方面，建议从住户的心理和使用两方面考虑，注重考虑住户私密性、邻里交往、居住舒适性、套型模块化设计的设计方式，其平面布局形式建议采用表 5-2 所示的概念性户型组合模式进行深化设计，以便形成良好的社区氛围。

表 5-2　概念性户型组合模式参考

线形布局	方案一		方案二		方案三	
	方案四		方案五			

续表

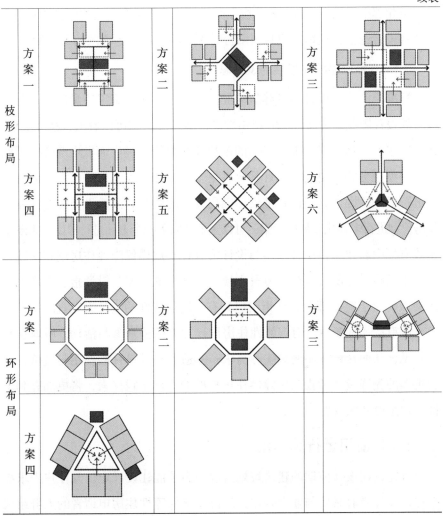

5.1.2.2 空间布局的灵活性与适应性

在保障性住房户型设计中，应考虑各功能空间的灵活性，以便于不同家庭、不同使用倾向的人入住时能灵活调整。设计时，应从以下七个方面进行考虑：①房间数量增减的可能性；②房间面积根据需求不同，进行局部扩大或缩小的可能性；③封闭式厨房预留改造成开放厨房的可能性；④可以利用时间差，通过折叠式餐桌将餐厅空间与其他空间进行复合利用；

⑤打通相邻空间的可能性；⑥凸窗空间与其他功能复合利用的可能性；⑦阳台外部设置花池，预留住户封闭阳台时不影响种花行为需求的可能性。

5.1.2.3 鼓励多样化发展的设计思路

标准化的户型设计是从建筑的经济性、工业化、施工质量出发，存在较多的设计限制，参照日本和新加坡的户型发展历程可以看出，经济水平、文化需求、生活方式会随着时间的推移及新事物的诞生而发生改变，因此标准户型也会相应更新，设计师会有更多好的切入点与想法，需要通过实践进行尝试。因此，建议在推崇标准化设计的同时，鼓励设计师对保障性住房户型进行多样化发展的探索，可以主要从以下四个方面进行考虑：①鼓励非政府集中新建项目中开发商与设计师进行小规模保障性住房创新实践，如都市实践事务所设计的"万科土楼"；②标准户型与设计指引宜作为设计参考，对于突破部分设计指引但具有一定创造性的设计方案宜组织专家进行评审；③宜多举行对保障性住房设计方案的公众参与活动，听取住户的意见，从而让设计不脱离实际需求；④适当提升设计的费用与造价，吸引更多的先锋设计师投入保障性住房户型的设计实践探索，将更加有利于推动户型设计的发展。

5.1.3 使用者行为活动

首先，在设计前期的建筑策划阶段，为了能让设计定位与住户需求更接近，设计者有必要与业主合作，广泛了解保障性住房申请者的人群组成特点，以及行为需求与习惯。

其次，对于岭南保障性住房户型这一特殊对象，当地低收入群体是使用群体，中高收入的设计师是设计人员，政府工作人员是开发部门。三者因为本身的属性不同而存在对保障性住房认知的差异性，而设计师应协调和兼顾各界对保障性住房这一特殊对象认知的差异性。

再次，使用者由于自身特点的影响，会存在一定的内心自卑感，抵触与不同层次的人交往，但是邻里交往作为低收入群体获取信息的重要手段，是十分有必要进行的。因此，设计师需要通过户型设计来尽可能给住户提供在公共空间活动的机会，营造融洽的社区归属感，促进邻里之间进行交往。

最后，针对使用人群的特点，尽可能帮助他们降低生活成本是设计师使命感的体现。移植和借鉴岭南传统居住方式的被动式节能手段有助于保障住户的舒适度，并且降低生活成本。

5.1.4 各功能房间具体设计建议

5.1.4.1 客厅 + 餐厅

①餐厅宜考虑与客厅复合使用；②冰箱设置在靠近厨房的位置；③在面积允许的条件下，可以考虑设置多座沙发；④宜考虑电脑桌的设置；⑤可考虑利用折叠餐桌或移动餐桌来节约空间。

5.1.4.2 主卧室

①通过设置吊柜对空间进行立体化利用；②宜考虑电脑桌的设置；③可以考虑不设置床头柜；④卧室空间与客厅空间复合利用时，宜在床边设置隔断，加强私密性。

5.1.4.3 次卧室

①次卧室宜选用单人床；②次卧室可考虑选择高低床进行立体化设计；③宜考虑设置书柜。

5.1.4.4 厨房

①厨房可考虑不设置冰箱；②宜选择 L 形布置方式布置厨房。

5.1.4.5 卫生间

①卫生间、洗漱间宜独立出来，结合走道布置，节约空间；②淋浴区宜靠近窗台或坐便器，以便利用其空间储物；③条件允许的话，可以选择对称式的卫生间布置方式。

5.1.4.6 阳台

①阳台宜设置洗手池，并与洗衣机靠近；②宜仅给客厅配置生活阳台，有条件的房型可给厨房配置服务阳台。

5.1.4.7 玄关

①宜在入口设置隔断，以保障户内私密性；②在条件允许的情况下，可以考虑将鞋柜设置在玄关外。

5.1.4.8 交通、储物及其他空间

①纯交通空间宜考虑设置储物空间，提高空间使用效率；②层高宜从目前较为经济的 2.8 m 适当增大，以满足利用高空进行储物的需求。

5.1.4.9 公共空间

①考虑利用公共空间摆放鞋柜；②公共空间不宜设置花池，使用效率低；③宜考虑在公共空间设置空中花园等放大空间，促进邻里交往；④户外公共空间宜与储物和临时存放（包括鞋柜、婴儿车、婴儿床等）空间复合利用；⑤晾晒空间可与公共空间、凸窗等复合利用；⑥消防前室宜选用常开式防火门。

5.1.5 设备设施及精细化设计建议

第一，宜考虑利用凸窗、窗台等空间与其他功能复合利用。

第二，宜选择不落地凸窗的形式。

第三，应给各套型入户门配置镂空防盗门。

第四，鞋柜上方宜考虑设置一定的储物空间。

第五，宜考虑设置厨房的临时储物空间。

第六，卧室直接连接客厅时，宜考虑设置门帘遮挡。

5.1.6 技术经济指标控制

本导则的技术经济指标主要是通过控制各套型面积指标，并提倡以套

型面积作为保障性住房的主要控制指标，降低实用率对户型空间品质的直接影响。按照每个套型建筑面积为 60 m^2、实用率为 75% ~ 80% 计算，其套型最大面积为 45 ~ 48 m^2。因此，建议以此套型的极限面积——33 m^2（一房）、40 m^2（两房）、47 m^2（三房）作为下限控制指标，可适当预留 5% 左右的灵活浮动范围，可以给设计师在保证极小居住需求的同时，预留更多的设计空间。其各功能房间的面积尺寸参考指标如表 5-3 所示。

表 5-3 岭南保障性住房功能房间的面积尺寸参考指标

空间类型	建议最小尺寸		模数化最小参考尺寸		面积 /m^2
	长 /mm	宽 /mm	长 /mm	宽 /mm	
公共空间 + 门厅	灵活设置				—
客厅 + 餐厅	2 900	3 900	3 000	3 900	11.7
主卧室	3 000	2 700	3 000	2 700	8.10
次卧室	2 200	2 700	2 400	2 700	6.48
厨房	1 700	2 100	1 800	2 100	3.78
卫浴	1 700	1 200	1 800	1 200	2.16
阳台	1 500	—	1 500	3 000	4.50
其他空间	1 700	1 200	1 800	1 200	2.16

5.2 岭南保障性住房规划户型设计

5.2.1 套型模块设计

每个套型均是根据不同功能的房间模块进行组合而成的，因此第一步就需要研究每个模块的可能性，包括功能、人的行为类型、尺寸等基本要素。由于保障性住房的户型面积配置是根据不同的居住人数有所调整的，其各功能房间的实际参考尺寸也应该依据居住需求适当调整，因此应以国家及各地区对保障性住房户型面积标准的限定，以及正在推行的住宅规范作为参考依据。基于前文对各功能房间居住方式的评价结论及最小居住尺寸的设定，结合目前的研究成果进行分析，进而得出各功能模块的参考尺寸和布置方式。

5.2.1.1 核心筒

目前，由于用地限制和容积率要求，岭南保障性住房大多采用高层住宅的形式，因此主要由垂直交通空间组成的核心筒部分一般由电梯（含一台担架电梯）、候梯厅、楼梯组成。根据《住宅设计规范》对公共空间尺寸的规定，其各组成部分目前行业内常用的最小尺寸如图 5-1 所示。目前，针对担架电梯的要求，各地政府的理解和执行的标准均有不同，我们依据目前广东省提出的改造担架，选用 1 500 mm × 1 600 mm 轿厢的 1 000 kg 电梯。核心筒常用的组合方式一般是将核心筒各部分组成核心筒模块，但这虽然在消防上和经济性上合理，但是对于其候梯空间的空间使用效率影响还是很大的，而分散设置楼梯与电梯对于公共空间的影响较小，便于营造公共空间氛围。

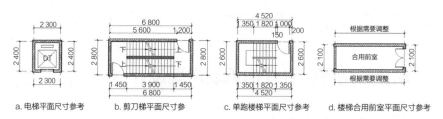

图 5-1　核心筒组成模块参考尺寸（单位：mm）

5.2.1.2 客厅复合餐厅

客厅与餐厅作为整个套型空间的核心模块，其组合方式也是多种多样的。一般而言，有餐厅与客厅同宽并置、餐厅小于客厅并置、餐厅复合客厅使用三种模式（图 5-2）。结合这三种模式，我们提出了更合适的客厅与餐厅模块的尺寸及家具布置（表 5-4、表 5-5）。

 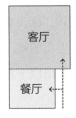  

a. 餐厅与客厅同宽并置　　b. 餐厅小于客厅并置　　c. 餐厅复合客厅（非用餐时段）　　d. 餐厅复合客厅（用餐时段）

图 5-2　餐厅客厅组合关系

表 5-4　客厅模块参考

空间类型	两人客厅模块	三人客厅模块	三人以上客厅模块
典型模块布置示意图 /mm	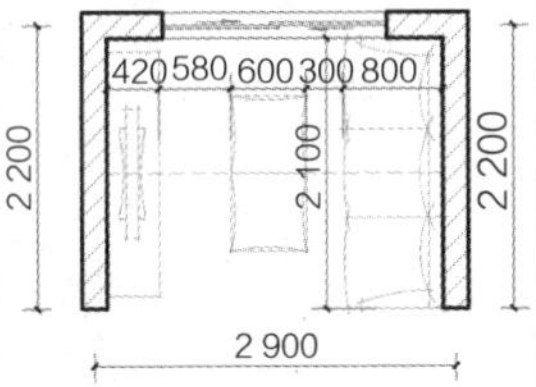	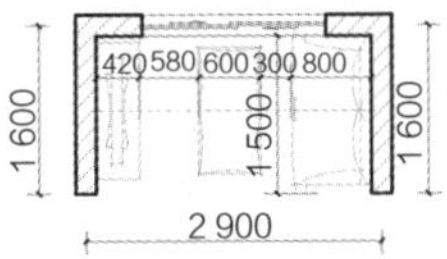	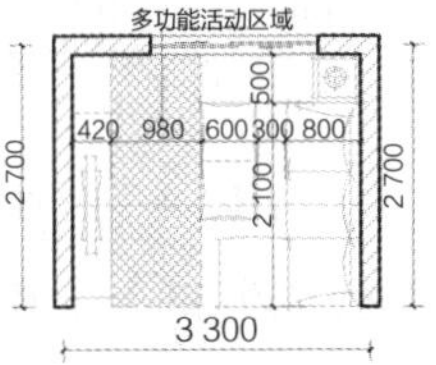
使用群体	青年人	核心家庭	"两代居"
特殊行为需求	无	儿童活动	多人聊天、多功能活动
最小尺寸 /mm	1 600 × 2 900	2 200 × 2 900	2 700 × 3 300
面积估算 /m²	4.64	6.38	8.91

表 5-5　餐厅模块参考

空间类型	两人餐厅模块	三人以上餐厅模块	折叠餐桌模块
典型模块布置示意图 /mm	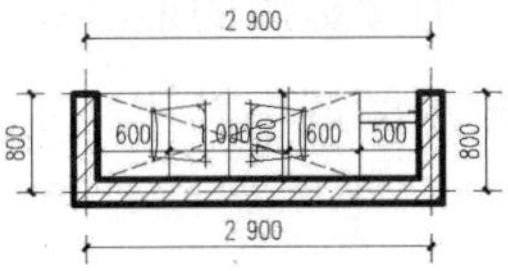	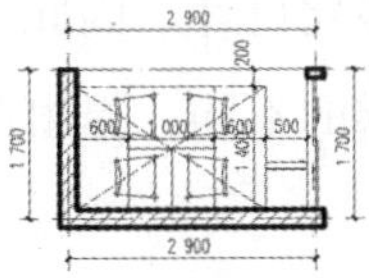	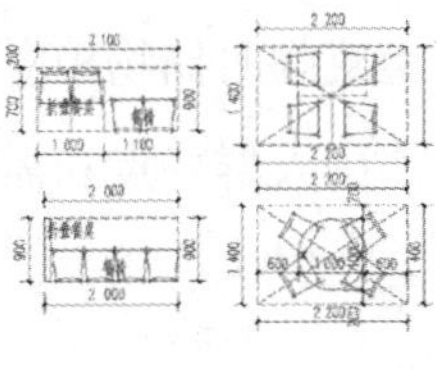
使用群体	青年人	核心家庭	—
特殊行为需求	—		
最小尺寸 /mm	800 × 2 900	1 700 × 2 900	—
面积估算 /m²	2.32	4.93	—

5.2.1.3 主卧室

床与衣柜作为主卧室空间的主要固定家具，床头柜和梳妆台、电脑桌等均为灵活布置家具。因此，根据前文研究得出的岭南保障性住房户型使用方式，根据人群特点和行为需求的不同，提出以下四种主要使用主卧室最小基本模块的家具布置参考（表5-6）。

表5-6　主卧室模块参考

户型类型	宿舍型	一房型	两房型	无障碍型
典型模块布置示意图/mm				
使用群体	青年人	夫妻二人	核心家庭	老人/特殊人群
特殊行为需求	上网、看书	上网、看书	上网、看书及婴儿床、婴儿车停放等	无障碍需求、阅读
最小尺寸/mm	2 700×3 000	2 700×3 000	3 000×3 000	3 000×3 000
面积估算/m²	8.1	8.1	9.0	9.0

5.2.1.4 次卧室

次卧室主要供子女或者老年人使用，一般情况下固定家具有单人床（高低床）、吊柜、书桌、书柜等，床头柜和衣柜较少使用，储物空间一般做吊柜或临时储物柜立体化设计。因此，在前文提出的最小尺寸基础上，根据使用人群特点和需求的不同，提出此模块的最小尺寸及其家具布置参考（表5-7）。

表 5-7　次卧室模块参考

户型类型	两房型	无障碍型
典型模块布置示意图 /mm	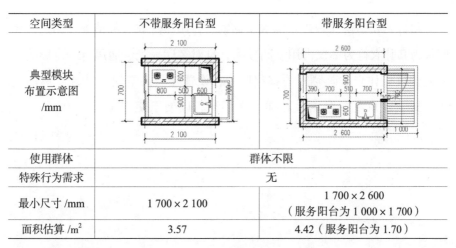	
使用群体	核心家庭	老人 / 特殊人群
特殊行为需求	上网、看书、学习	无障碍需求、阅读
最小尺寸 /mm	2 200 × 2 700	2 400 × 3 000
面积估算 /m²	5.94	7.2

5.2.1.5 厨房

厨房的烹饪行为包括下蹲取物、打开吊柜、烹饪等基本动作，墙与柜子之间的活动距离最小为 0.9 m。根据住户的喜爱倾向及实际使用方式，我们认为在不设置服务阳台的厨房宜采用 L 形布置方式。在设置服务阳台的条件下，可以选用一字形布置方式（表 5-8）。

表 5-8　厨房模块参考

空间类型	不带服务阳台型	带服务阳台型
典型模块布置示意图 /mm		
使用群体	群体不限	
特殊行为需求	无	
最小尺寸 /mm	1 700 × 2 100	1 700 × 2 600（服务阳台为 1 000 × 1 700）
面积估算 /m²	3.57	4.42（服务阳台为 1.70）

5.2.1.6 卫生间

卫生间模块作为户型空间内的污区，在已建成保障性住房中经常与其他主要空间发生对视干扰。因此，通过对户型主观使用倾向及使用方式的评价研究，我们认为洗漱间与卫浴间分离的设计更符合保障性住房的实际需求（表5-9）。

表 5-9　卫生间模块参考

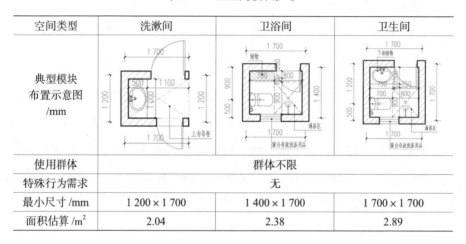

空间类型	洗漱间	卫浴间	卫生间
典型模块布置示意图/mm			
使用群体	群体不限		
特殊行为需求	无		
最小尺寸/mm	1 200 × 1 700	1 400 × 1 700	1 700 × 1 700
面积估算/m²	2.04	2.38	2.89

5.2.1.7 阳台

阳台主要是供住户进行晾衣、储物、休闲、洗衣、种植等行为的，我们认为其晾衣行为不仅占用空间较大，且对客厅采光、通风有一定影响，因此建议将住户的晾晒行为移出阳台，设置在公共空间。结合住户的使用方式，建议在阳台增设花池、洗手池，以便于使用（表5-10）。

表 5-10　阳台模块参考

空间类型	阳台
典型模块布置示意图 /mm	
使用群体	群体不限
特殊行为需求	种植、洗手
最小尺寸 /mm	1 400×1 800（宜同客厅宽，最小 1 800）
面积估算 /m²	2.52

5.2.1.8 公共走廊

公共走廊作为主要交通组成部分，一般由于管理和设计本身的问题，难以开展各类生活活动，从而减少了邻里之间相互接触的机会，进而减少了交往行为的产生。我们认为，将部分私密性需求不高的行为设计在公共空间，并提高其空间使用效率，这样不仅能促使人们产生更多在其中活动的可能性与倾向性，还能在一定程度上解放套内面积（表 5-11）。

表 5-11　公共走廊模块参考

空间类型	外廊式公共走廊	内廊式公共走廊
典型模块布置示意图 /mm		
使用群体	群体不限	
特殊行为需求	建议设置晾晒行为空间与换鞋行为空间	
最小尺寸 /mm	1 700×2 700（同套型面宽，最小 2 700）	2 100×2 700（同套型面宽，最小 2 700）
面积估算 /m²	4.59	5.67

5.2.2 套型组合设计

岭南保障性住房套型组合设计是建立在功能房间模块的基础上，结合前文对保障性住房使用方式和使用倾向性的评价研究结论，我们所提出的套型组合设计模式重点考虑"①对岭南传统居住方式的移植和借鉴；②部分室内行为室外化，创造邻里交往机会；③私密性层级概念的引入；④空间使用方式和使用倾向评价结论的应用"这四个要素来进行设计，进而根据不同人群的特点组成适应不同家庭的套型组合模式（表5-12）。

表5-12 套型组合模式参考

	组合方案一	组合方案二	组合方案三
套型功能布局模式			
套型具体化示意图／mm			
套型面积／m²	41.48	53.31	38.52

续表

	组合方案一	组合方案二	组合方案三
设计优点	①L形垂直走廊流线布置 ②厨卫分离 ③采用折叠餐桌，充分利用空间 ④平面布局方正，利于施工 ⑤采用走廊联系卧室空间 ⑥餐厅与卫生间没有直接对视 ⑦入口形成小的玄关空间，利于与其他套型拼接形成扩大入口公共空间	①L形垂直走廊流线布置 ②厨卫入口分离，位置紧邻 ③采用折叠餐桌，充分利用空间 ④采用走廊联系主卧室，阳台联系次卧室，私密性较强 ⑤餐厅与卫生间没有直接对视 ⑥入口形成小的玄关空间，利于与其他套型拼接形成扩大入口公共空间 ⑦入口空间可以设置在餐厅一侧，也可靠近客厅一侧设置，具有较强的灵活性	①L形垂直走廊流线布置 ②厨卫入口分离，位置靠近 ③采用折叠餐桌，充分利用空间 ④采用洗漱间联系次卧室，主卧室直接与客厅相连，使用效率高 ⑤餐厅与卫生间没有直接对视 ⑥入口形成小的玄关空间，利于与其他套型拼接形成扩大入口公共空间 ⑦可进行拼接，厨卫处形成内天井进行排气
缺点	①次卧室侧面开窗，拼接时需要调整次卧室尺寸 ②厨房对内采光、通风，需要结合天井处理通风	①此套型为此模式的一种转角变体尝试，存在转角户型所具有的不利于布置家具的问题 ②转角设计导致面积略大	①阳台较小，可通过扩大客厅面宽来扩大阳台面积

5.2.3 标准层组合设计

保障性住房标准层组合是由 A 空间（套型模块）与 C 空间（核心筒模块），以及二者围合而成的 B 空间组合而成的，其组合而成的平面形式需要综合考虑包括气候适应性、地域文化、居住方式、主观使用倾向、政策导向等多方面的因素。结合前文进行的使用方式和主观使用倾向的研究作为主要设计依据，依据现有较为主流的户型标准层组合模式，提出更符合居住者行为需求及适应岭南地域性特征的组合模式，并以图示化的表达方式给社会各界提供设计参考。我们所提出的户型组合模式主要包括以下 10 个设计概念。

5.2.3.1 朝向与采光的公平化

户型的朝向一直是保障性住房住户最关心的问题，也是最直接影响户型品质的因素。由于保障性住房户型具有套数多、单个套型面积小的本质属性，并且岭南保障性住房户型多采用十字形作为主要平面形式，因此较容易产生纯北向的套型。虽然目前岭南地区部分城市颁布的保障性住房地方规范均在一定程度上接受了北向套型，但是在对住户进行问卷调查时发现，住户在可以选择的情况下还是会更倾向于选择南向和东南向。另外，由于具有北向套型的户型在一定程度上与其他朝向户型相比存在先天均好性差的问题，在保障性住房这一提倡社会公平的产物中推广，是存在一定社会公平问题的。

5.2.3.2 私密性层级的引入

私密性作为日常居住生活中的另一个基本居住需求，在保障性住房这样紧凑型居住的条件下，甚至大面积的商品住宅中经常难以保障。由此产生了部分墙体隔音不好、相邻户型视线干扰、不同功能房间之间的声音及视线干扰等问题。

为了在这样紧凑型居住的条件下解决保障住户私密性的问题，我们参考亚历山大所提出的"私密性层次"的建筑模式语言，并且将住户的不同活动类型划分成不同的私密性层级，根据不同的私密性需求，布置不同的功能房间，形成公共空间（户型公共走廊、核心筒等）、半私密空间（起居室、餐厅等）、私密空间（卧室等）三个层次，并且利用入口的转折与视线的控制完成公共空间向半私密空间的过渡，再利用走廊及隔断的方式完成半私密空间向私密空间的过渡，进而在有限的空间内最大限度地保障住户的私密性需求，并且在入口的转折处放大出了一个几户之间共享的交往空间，更容易使人产生在公共空间停留的欲望，从而促进住户产生小憩、娱乐等"自发性行为"[25]，达到促进邻里交往的目的。

5.2.3.3 创造宜人的户型公共空间

目前，由于岭南保障性住房每层户数较多，因此较多采用内走廊的布置方式，这样采光较差的空间容易使人产生恐惧的感觉，从而不愿意在公共空间停留与活动。因此，我们所设计的概念性户型拟通过私密性需求不高的功能房间（厨房、阳台）与走道相邻的设计方式来提升公共空间的通风、采光，以达到邻里之间相互照应的"街道之眼"[24]的效果。

5.2.3.4 室内活动室外化的行为模式

保障性住房户型作为居住空间中较为私密的场所，其发生的各种行为类型也并非均对私密性要求很高。在岭南保障性住房这样紧凑型居住的条件下，我们认为合理地将部分行为设置在室外有利于提升户内空间的舒适度。通过对行为的类型和需求进行分类，将私密性需求不高但空间占用较大的功能结合公共空间设置（如晾晒、换鞋等），让住户在进行这些生活必需行为的同时，能够产生与邻里之间更多的接触时间和机会，从而促进邻里交往的产生。

5.2.3.5 空间复合化利用的设计方式

要想使得保障性住房空间使用效率得以提升，空间复合利用是最简单、最直接的方法。通过对功能空间时间和空间上的错位叠加，使得同一空间在不同时段具有不同的功能。

5.2.3.6 巷道通风技术的应用

通过对岭南传统民居冷巷的原理进行分析，我们尝试进行如下考虑：一方面，考虑采用纯南北朝向布置的内走廊，形成一个多层叠加的巷道效应，并建议采用常开式防火门来减弱消防所需的封闭空间对通风效果的影响；另一方面，考虑参考目前广州芳和花园的设计手法，利用两户之间拼接的位置所产生的建筑凹槽来产生阴影面，从而产生"垂直冷巷"的通风效果[50]。

5.2.3.7 建筑自遮挡的遮阳方式

岭南传统民居中多采用密集式布局、凹门遮阳、小阳台遮阳、檐廊遮阳、骑楼遮阳等设计手法，其实本质就是通过建筑布局或者构件产生自遮挡的阴影区，从而达到建筑遮阳的目的。因此，考虑在套型设计中将活动时间最长的餐厅和客厅靠内侧设置，将卧室这种白天活动较少且更需要阳光杀菌的房间设置在外侧，进而形成卧室空间对客厅、餐厅空间的遮挡效应，从而达到遮阳的目的。

5.2.3.8 传统门窗通风策略的引入

户型作为每一家独享的私人空间，除入户门外很少有对公共空间开门、开窗的设计。因此，在此户型中拟移植传统民居中的"趟栊门"，采用镂空防盗门进行通风，既能在防盗的同时保证各户之间视线通透，又能充分利用户门进行通风。一般来说，户型中每间房都是单门单窗，如果二者靠得过近，则通风效果会很不理想，因此通过在靠近公共走廊的房间开设高窗来模拟传统民居中门窗亮子的通风效应，在避免户外公共空间对室内视线干扰的同时，为房间增设出风口，加强室内的通风效果。

5.2.3.9 套型的自适应性

由于户型是依托具体的地块而存在的，因此如果要想设计出一个能适应所有地形的概念性户型是不现实的。根据目前对于图纸的收集，由于户型配比的不同及地形的特殊性，一般情况会采用多种户型组合或局部修改替换的方式来使户型更加具有适应性。因为适应性和标准化存在此消彼长的关系，所以在目前这个社会各界不断推行标准化户型的同时，必然会导致在一定程度上户型自适应性变差的问题。因此，应借鉴模块化方式，而不是单独强调户型的标准化。将建筑套型模块化，设定每个套型合理的固定建议面宽，并且在端部可以根据户型配比的需求，通过改变房间数量，形成能容纳更多人数或者提供特殊人群需求的用房。

5.2.3.10 围合式布局

围合式布局是传统居住方式中的重要组成部分：一方面，它形成的天井和院落空间利于通风；另一方面，它也是促进家庭交往、增强凝聚力的空间形态。因此，建议尽可能地多采用围合式的布局方式，虽然此形式对于高层建筑存在占地面积大的问题，但是其带来的正面效应远大于负面效应。

因此，根据住户对于使用方式和主观使用倾向的需求、交往的需求、私密性的需求、气候适应性需求，在对传统居住方式移植与借鉴的基础上，基于郭昊栩[35]所提出的"交往层级模式"，提出更符合岭南地域性气候和文化特征的三类标准层组合模式。

（一）线形组合模式

目前，岭南保障性住房户型所采用的线形组合模式主要有五种（图5-3），其优点是延展性较好、可容纳户数多、平面方整；缺点是面宽占用较大、容易对小区内部形成屏风效应而产生压抑感。

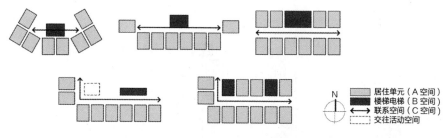

图 5-3　现有线形组合模式

针对现有的线形组合模式，我们认为，通过对其进行一定程度的优化调整，能够使岭南地区的保障性住房更加符合住户的居住需求，提升他们的居住舒适度。通过在内廊式空间插入公共交往活动空间，在增加邻里交往可能性的同时，解决通风、采光的问题（图5-4）。

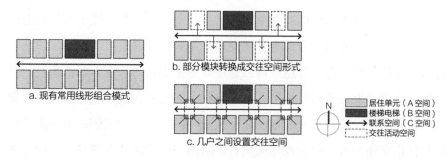

图 5-4　现有线形组合模式优化建议

借鉴传统居住方式中的竹筒屋平面形式，以"冷巷"联系各活动空间。这种模式与 2008 年全国保障性住房设计方案竞赛中中山市建筑设计院有限公司许文浩团队所提出的"高效·节地型"户型，以及中建国际湛杰团队所提出的深圳 NS12-01 地块方案有一定的相似之处，也为此概念提供了案例参考，且各自具有典型性。但我们所提炼出的设计模式更具设计开放性，这种模式有三种变体：第一种是以中心为核心筒，南北端头设置交往空间的基本形式（图 5-5a）；第二种是在几户之间设置交往空间的变体（图 5-5b）；第三种是增加户数，两端设置核心筒，以满足疏散的户数增加形式（图 5-5c）。

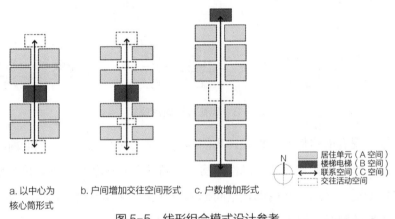

a. 以中心为核心筒形式　　b. 户间增加交往空间形式　　c. 户数增加形式

居住单元（A 空间）
楼梯电梯（B 空间）
联系空间（C 空间）
交往活动空间

图 5-5　线形组合模式设计参考

此设计模式具有以下特点：①社会公平性高。以南北向长廊作为串联，保障各个套型均为东南向或西南向，具备一定的社会公平性。②气候适应性强。以南北通透的走廊作为主要交通，能起到冷巷通风的效果，以适应岭南的湿热气候。③地形适应性强。可以根据地块的长度不同，通过户型套数上的适当增减来适应地形，且随着长度的变化，核心筒的位置也可根据消防的需要设置在户型两端。④交往空间的设置。为了创造更多保障性住房住户交往的可能性，在尽端设置舒适的交往空间或在四户之间的公共空间设置间接采光的公共空间，并通过设计使得部分私密性需求不高的行为类型在公共空间发生。⑤日照间距小。由于是南北纵向展开布置，其对北侧遮挡较少，能尽量扩大地块内的建筑面积。

（二）枝形组合模式

枝形组合是集中式组合较为常用的类型，利用分支数量和长度来容纳更多的户数。比较典型和常用的就是十字形的户型平面，虽然在效率和工业化建造上，这种平面类型有一定的优势，但是其依然存在内廊式公共空间采光、通风较差及产生纯北向户型等布局的缺点（图5-6）。

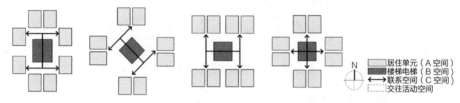

图 5-6　现有枝形组合模式

此类户型组合模式产生这些问题的根本原因是实用率的要求过高，公共空间使用效率也因此相应提高。通过解放实用率限制，将核心筒空间分解进行重新设计，并且提供适当的公共活动空间，将住户的室内行为室外化，会更加符合保障性住房住户这类特殊人群的行为和心理需求（图5-7）。

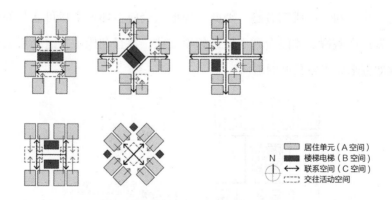

图 5-7　现有枝形组合模式优化建议

依据枝形平面的特点，参考20世纪80年代香港提出的"Y"字形平面，尽量减少纯北向的布置方式，并且在核心筒这类通风、采光需求量较小的空间周围设置公共活动空间，进而利用这处较为通透、舒适的公共空间来方便住户活动（图5-8）。

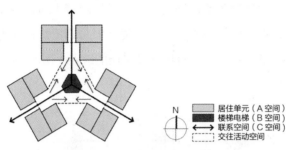

图5-8　枝形组合模式设计参考

（三）环形组合模式

岭南保障性住房受到实用率的限制，以及对建筑气候适应性理解的不同，较少采用环形组合模式，目前仅收集到一处在建的广州东新高速保障性住房项目的部分户型采用了这种组合方式（图5-9）。并且目前环形组合模式是核心筒为中心，走廊围绕核心筒形成环线，而根据前文对传统居住方式及格式塔心理学的分析，闭合的环形回路应让住户在视觉上感受到，方能产生认知，形成归属感。因此，环形组合应在环形中尽可能与环中其他位置产生对视，才能有利于促进邻里交往，并且利用中空之处形成中庭拔风效应来促进各套型的通风。

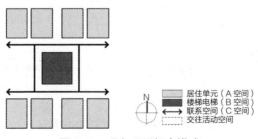

图5-9　现有环形组合模式

因此，结合传统居住方式的特点及岭南保障性住房的一些基本要求，提出三种设计模式建议：①八边形组合的平面模式是借鉴岭南传统民居中的客家围屋形式的围合式布局，如果以圆弧作为基本形态，则会产生房间形状不垂直的问题，进而会产生施工和使用中的一系列问题，因此选择八边形这样相对比较稳定的组合模式，将北侧最不利的模块设计成主要垂直交通模块，并在南侧套型的背面补充一把楼梯，以保障整个户型的疏散（图5-10a）；②以"C"字形作为基本部分，形成一个半围合的空间，通过将两个"C"字形进行拼接来形成两个围合的公共空间（图5-10b）；③为适应尖角地块，将保障性住房设计成三角形围合态势，使之既能够减少纯北向户型，又能形成围合的态势，促进邻里间视线上的沟通与联系（图5-10c）。

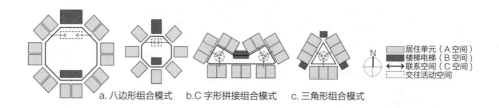

图 5-10　环形组合模式设计参考

　　这三种设计模式具有以下优势：首先，每个套型的朝向各异，每个住户的居住体验均不同；其次，气候适应性强，采用围合式组合形成中庭空间，其拔风效应有利于户型整体通风；再次，地形适应性强，可以根据地块的形状通过更改户数来调整大小，一般用于地块端头或者景观较好的地区；最后，为了创造更多保障性住房住户交往的可能性，可以通过中庭区域设置交往空间，利用围合式组合模式直接互相可视的特点，促进更大范围邻里间的交往。

5.2.4 概念性户型的设计应用尝试及计算机物理环境仿真模拟

5.2.4.1 概念性户型设计应用尝试

（一）方案一

方案一技术经济指标参考							
方案一	户型	套型建筑面积 /m²	分摊面积 /m²	套内建筑面积 /m²	阳台计算面积 /m²	标准层公摊面积 /m²	实用率	标准层面积 /m²
	两房一厅 A1	60.47	12.92	46.03	1.52	102.48	0.786	479.72
	两房一厅 A2	59.46	12.70	45.24	1.52			

（二）方案二

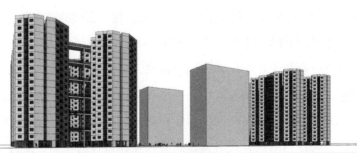

方案二技术经济指标参考							
方案二	户型	套型建筑面积 /m²	分摊面积 /m²	套内建筑面积 /m²	阳台计算面积 /m²	标准层公摊面积 /m²	实用率	标准层面积 /m²
	两房一厅 B1	73.83	15.57	54.30	3.96	126.76	0.789	600.96
	两房一厅 B2	76.41	16.12	56.33	3.96			

（三）方案三

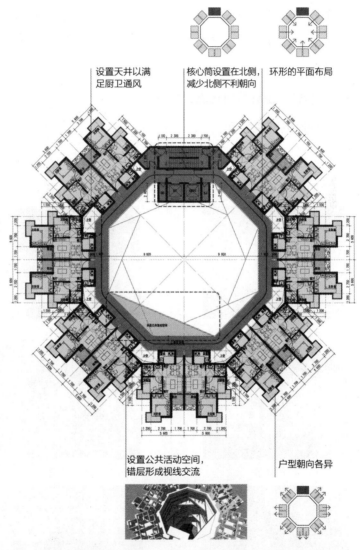

设置天井以满足厨卫通风

核心筒设置在北侧，减少北侧不利朝向

环形的平面布局

设置公共活动空间，错层形成视线交流

户型朝向各异

方案三技术经济指标参考							
方案三	户型	套型建筑面积 /m²	分摊面积 /m²	套内建筑面积 /m²	阳台计算面积 /m²	标准层公摊面积 /m²	实用率	标准层面积 /m²
	两房一厅 C1	52.74	14.90	36.72	1.12	222.40	0.718	787.32
	两房一厅 C2	56.82	16.05	36.81	3.96			

方案一与方案二是以岭南传统居住方式中的"冷巷"作为基本切入点，以竹筒屋平面作为设计原型，方案二为方案一的不同套型变体。方案三是基于围合式布局而设计的，是以能创造更多邻里交往机会的公共空间作为出发点而设计的。

5.2.4.2 概念性户型计算机仿真模拟分析

（一）套型通风模拟分析

表5-13　套型通风模拟分析结果统计表

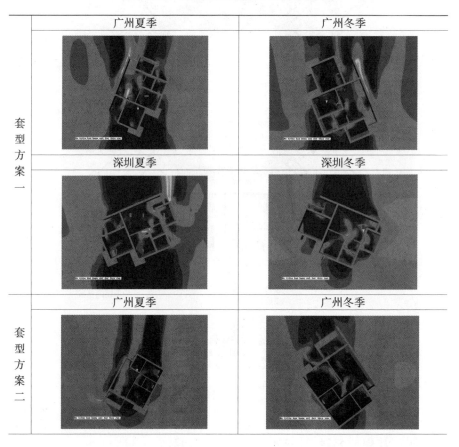

续表

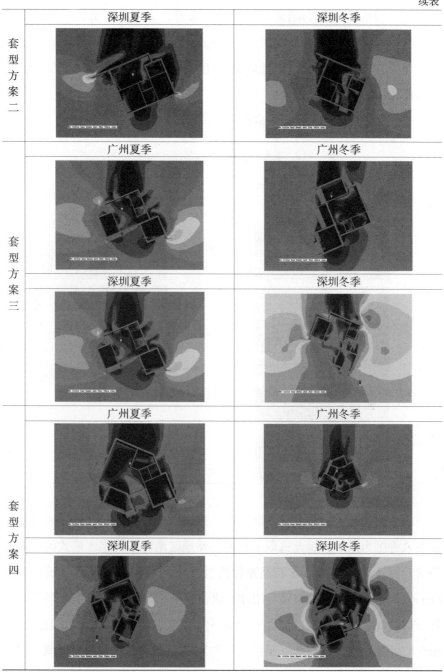

	深圳夏季	深圳冬季
套型方案二		
	广州夏季	广州冬季
套型方案三		
	深圳夏季	深圳冬季
	广州夏季	广州冬季
套型方案四		
	深圳夏季	深圳冬季

从套型通风分析的结果（表 5-13）来看，方案一、方案三、方案四对于广州地区和深圳地区的风向均能较好适应。方案二则对广州地区更为适应，而对深圳地区适应性较弱。建议在参考应用之时做更加深入的仿真模拟。

（二）户型组合设计风环境模拟

表 5-14　套型组合通风模拟分析结果统计表

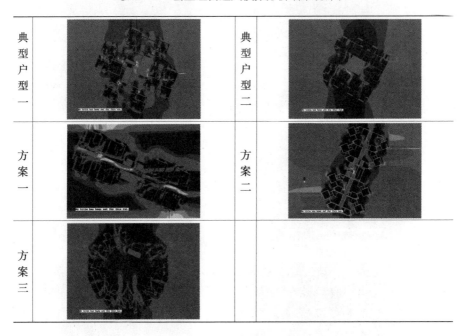

由于岭南地区属于夏热冬暖地区，且属于亚热带湿热气候，因此夏季的通风将更为重要，因此选取了目前广州地区两种不同平面形式的保障性住房户型（芳和花园、东新高速保障性住房项目）进行参照分析，利用 Phoenics 软件进行夏季风环境的计算机仿真模拟。通过对模拟结果进行分析可以发现，目前典型的紧凑型户型虽然使用效率非常高，但是紧凑的交通空间容纳了过多的户数，虽然设计初衷是为了营造良好的风环境，但是

为追求实用率等指标，导致部分户型通风情况并不理想。从模拟结果可以发现，我们所提出的概念性户型公共空间的通风效果是高于目前典型户型的，并且大部分户型的穿堂风通风效果也是十分不错的。

（三）日照与采光模拟分析

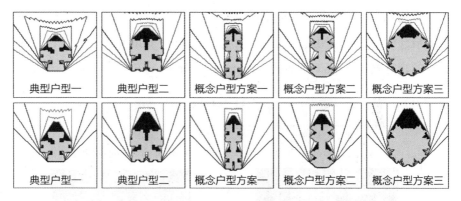

图 5-11　概念性户型方案日照时间对比分析图

《城市居住区规划设计规范》对广州与深圳等大城市居住建筑的日照标准规定是大寒日不低于 3 小时，对于同样是第 IV 气候区的小城市则要求冬至日不低于 1 小时。目前《广州市城乡规划条例》规定"满足日照要求的户型比例不应低于 60%"；《深圳市保障性住房建设标准（试行）》规定"对于受条件制约的新建保障性住房，经专家论证同意后可依据《宿舍建筑设计规范》有关规定进行日照设计，对应 A、B 类户型日照适度放宽"。因此，利用天正建筑软件的日照分析工具，以 100 m 作为建筑高度，以广州纬度作为参数，选取大寒日与冬至日进行分析（分别对应图 5-11 的上排和下排图片）。从对比分析结果可以看出，目前广州地区常用的户型平面形式均会产生较大的阴影，几乎一半户型由于是纯北向，接受日照的时间为零，而对于概念户型方案一和方案二所有户型的卧室空间均有充分的日照，方案三仅有少部分户型存在日照时间为零的情况，比现有已建成保障性住房户型在一定程度上有所优化。

（四）私密性模拟分析

空间句法（space syntax）是比尔·希列尔（Bill Hillier）教授团队所研究发展的空间形态构成分析技术，在建筑及城市层面的空间分析均有广泛的应用。针对私密性这一空间特殊属性，其视觉可达性及空间边界直接影响户型的私密性。因此，我们借用空间句法分析软件"Depthmap"对所提出的概念性户型的应用进行视觉控制度（visual controllability）分析与空间边界的视觉限定（visual clustering coefficient）分析，分析结果如表5-15所示。

表 5-15　私密性计算机模拟分析结果

	视觉控制度 （visual controllability）	空间边界的视觉限定 （visual clustering coefficient）
典型方案一		
典型方案二		
方案一		

续表

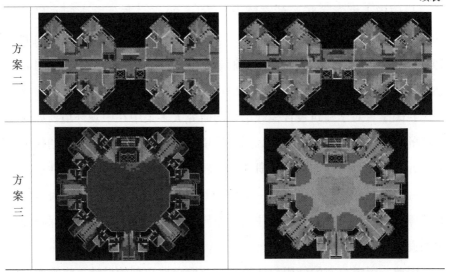

视觉控制度分析结果中颜色越红表明该位置视线可达性越高；空间边界的视觉限定分析结果中颜色越红表明该处私密性越强。综合来看，我们所提出的三种户型有以下特点：①其卧室内部部分区域拥有较好的私密性；②卫生间便溺区域私密性相对较好；③方案三围合式布局的客厅、餐厅空间私密性一般，方案一和方案二较好；④公共空间由于空间属性的不同，应结合视觉控制度结果进行分析，一般认为其属于私密性较差的空间类型。

综合来看，我们所提出的三个方案近似达到所设想的"公共空间—半私密空间—私密空间"的私密性层级过渡。

5.3 岭南保障性住房概念性户型设计模式语言

本研究的目的是根据前文进行的使用后评价结果，以空间为载体，提炼相关的设计模式语言，是亚历山大[24]的建筑模式语言理论体系在岭南保障性住房领域的扩展。在《建筑模式语言》所提出的 253 个模式语言中，与住宅或社区相关的包括与邻里关系相关的有第 14、15、30、35～37

条，与使用人群需求相关的有第 40、75 ～ 79 条，与住宅空间布局有关的 有 第 98、102、112、127、130 ～ 132、142、160、184、190 ～ 192、194 ～ 196、199 条，与个人行为领域相关的有第 136、137、141、149、154、155、157、182、186、187、200、201 条。

我国学者对于建筑设计模式语言的研究大多集中在中观环境，如居住小区的空间结构模式、居住小区的外环境行为模式等；微观环境的住宅户型单元和医院的医疗护理单元研究相对较多。但是针对岭南保障性住房户型这一特殊对象，虽然可以在一定程度上参考住宅的设计模式语言，但是其保障性意图所带来的与商品住宅的差异性必然会衍生出仅适合保障性住房的设计模式语言。

因此，通过前文的使用后评价研究及概念性户型的设计，将岭南保障性住房居住空间和特定居住方式之间相对稳定的对应关系及其空间本身的特点作为对象，提炼相关模式语言，以亚历山大的建筑模式语言的研究方法和表达逻辑作为参考，将成果转化为模式语言，提供更直观的设计参考。

5.3.1 模式 A——"私密层级"

建筑内部各空间的私密性需求均不尽相同，在岭南保障性住房紧凑型居住的条件下，部分设计会导致功能房间私密性的丧失。住户则更多地需要通过牺牲部分面积来保障私密性，十分影响使用舒适性。

为了在这样紧凑型居住的条件下解决保障性住房住户的私密性问题，我们参考亚历山大所提出的"私密性层次"的建筑模式语言，并且将住户的不同的活动类型划定为三个等级，根据不同的私密性需求，布置不同的功能房间，形成公共空间（户型公共走廊、核心筒等）、半私密空间（起居室、餐厅等）、私密空间（卧室等）三个层次。

私密层级仅仅通过可开启的门来进行保障是远远不够的，设计师应考虑将空间精细化设计，而私密性需求不高的空间可以独立出来与其他空间复合利用，增加空间的转折次数，并利用这些转折组成一定的功能性过渡空间，进而保障私密层级的需求（图 5-12）。

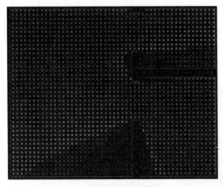 

a. 空间直接连接　　　　　　　　　　　　b. 空间嵌套连接

图 5-12　不同空间连接方式私密性分析

5.3.2 模式 B——"宜人的公共空间"

目前，岭南保障性住房标准层每层户数较多，多采用内走廊的布置方式，其带来的采光和通风效果较差的问题容易使人产生恐惧的感觉，从而不愿意在公共空间停留与活动。

实用率严苛的指标要求导致在套型面积十分紧凑的情况下户型公共空间的采光、通风质量也较差。因此，针对岭南保障性住房的户型公共空间的设计，提出以下设计建议，以便于创造出宜人、舒适的公共空间。

第一，建议政府将实用率这一指标相对放开，以套型建筑面积来作为主要控制指标，在保证住户的基本居住需求的同时，解放出更多的公共空间面积，这样可以创造更多改良空间品质的可能性。

第二，设计空中花园这类集中的活动空间或一定程度地扩宽走廊，并进行细部设计，以便住户可以在户型中享有更多居住活动的可能性。

第三，结合岭南地域气候特征，考虑公共空间的通风与采光，借鉴传统居住方式中被动式节能的策略来优化公共空间品质。

5.3.3 模式 C——"围合式布局"

围合式布局是传统居住方式中的重要组成部分，并且较为容易借鉴和应用。一方面，它可以形成天井和院落空间，利于通风；另一方面，它也是促进邻里交往、增强凝聚力的一种空间形态。

因此，建议尽可能地多采用围合式的布局方式，虽然此形式对于高层建筑存在一定的占地面积大的问题，但是其带来的正面效应远大于负面效应。线形布局虽然使用效率高，但是空间单调，且每户仅方便与邻近几户产生联系，不利于整个社区的邻里交往。

5.3.4 模式 D——"开敞前室"

前室空间基于高层建筑的消防需求而必须采用防火门进行分隔。对于公共空间使用需求较多的岭南保障性住房住户，常闭式防火门无论是对通风、采光还是对使用，均会产生较多的不便，部分住户还将防火门利用木板隔住，以简化开启的麻烦。因此，建议采用常开式防火门，以保障公共空间使用效率在非紧急状态下不受影响。

5.3.5 模式 E——"多功能凸窗"

凸窗作为建筑物采光、通风构件的一种变体，本身具有扩大室内空间的效果。一般而言，普通商品住宅住户更多地利用其进行休息、娱乐等行为活动。而对于使用空间相对不足的保障性住房，其凸窗空间就是使用空间的一部分，住户利用其设置婴儿床铺、储物柜、电脑桌、衣柜等。这也给我们提供了更多设计的可能性，可以在有限的面积限定下通过设计"多功能凸窗"来为住户不同的行为需求提供解决方案。

5.3.6 模式 F——"阳台种植"

阳台这一生活必需空间在保障性住房中面积限制相对较为严重。由于许多住户体现出种植植物的倾向，并且根据观察公共空间设置的花池可能由于公共性过强，其使用效率反而很低。其套型内部阳台可能由于面积计算规定无法在阳台外设置花池，但观察到部分住户宁可牺牲部分可活动区域也希望能种植部分花草。我们认为，在阳台外部设置花池更符合住户的行为需求。

5.3.7 模式 G——"复合储物"

紧凑的布局给保障性住房户型带来的最直接问题就是储物空间被严重削减。住户对此则更多的是利用零碎空间对户型储藏空间进行补充。吊柜和许多空间节约型家具具有储藏空间大、对空间占用较少的特点，比较受保障性住房住户的青睐。

设计师应综合考虑，尽可能多地从平面和剖面上进行精细化设计，为住户考虑储藏空间的设置，而不应被实用率所限制，以牺牲储藏空间或者缩小家具尺寸来使得户型平面看起来够用。

5.3.8 模式 H——"通透厨房"

目前厨房的布局十分紧凑，已然无法容纳冰箱这一厨房常用设备。从住户对厨房门的改造情况来看，住户还是希望厨房能采用玻璃门和玻璃隔断，使得厨房内外的视线联系可以更加紧密，让厨房在视觉上能尽量开阔。

结语

岭南地区是一个具备气候特色、地域特色及文化特色的地区，代表岭南沿海地区以广州、深圳为核心的珠三角地带，也是我国社会改革发展的先驱。

笔者从住户主观需求角度出发，以环境心理学、马斯洛需求层次理论、可意象性理论为基础，结合社会学及其他学科的研究方法，深入了解岭南地区保障性住房使用人群的需求，分层剖析保障性意图的内涵，把握保障性住房的相对舒适尺度，旨在探索针对岭南地域特点的保障性意图、指向性设计及相对舒适性评价体系。

首先，本书从保障性意图、使用人群需求及已建成保障性住房三大先导研究入手，了解相关的概念理论，选取合适的调研样本。

其次，一方面，基于保障性意图展开可意象性研究，通过运用心理地图、半结构问卷、开放式问题及照片评价法，分析研究了主体对客体的意象和感受，总结住户意象、倾向，并给予相关的设计指引；另一方面，针对相对舒适性展开研究，通过收集、对比一般商品房和其他地区保障性住房的舒适性相关评价因子，结合马斯洛需求层次理论及专家评定法，最终建立相对舒适性评价的因子库，并运用模糊综合评价对个例进行调查后的统计分析，根据最终分数来比较客体舒适水平，归纳岭南地区保障性住房住户对保障性住房户型的居住方式，最终得出保障性住房在户型空间适应性、居住者行为适应性、户型对岭南地区气候适应性三个方面的需求及设计策略，并以此为设计依据结合岭南传统居住方式的现代应用，提出岭南保障性住 房概念性户型和设计模式语言，以及户型设计导则。

最后，以此为依据，为岭南地区保障性住房户型设计提供参考和指引，以求加快我国保障性住房理论的完善，填补保障性住房户型设计与岭南传统居住方式及环境行为评价技术相结合的理论研究空白。

笔者以岭南地区的保障性住房作为研究课题，针对岭南地区的保障性住房进行详细分析，总结经验，提出设计策略，为相关研究提供参考。但由于时间、经验、学术水平、研究能力上均存在不足，整个研究过程也存在着不少可以细化、优化的地方，研究成果也有一定的局限性，以待进一步论证。

参考文献

[1] 郭若思. 中国保障性住房制度问题研究 [D]. 北京：中央民族大学，2012.

[2] 李飞. 广州保障性住房户型设计研究 [D]. 广州：广州大学，2009.

[3] 钟平平. 城市青年廉租公寓居住空间研究 [D]. 长沙：湖南大学，2012.

[4] 王承慧. 美国可支付住宅实践经验及其对我国经济适用住房开发与设计的启示 [J]. 国外城市规划，2004（06）：14-18.

[5] 赵中华，张敏. 廉租房设计与平面类型研究 [J]. 洛阳理工学院学报（自然科学版），2010，20（04）：21-24，31.

[6] 夏素莲. 香港住房保障制度研究及其对大陆的启示 [D]. 武汉：武汉科技大学，2009.

[7] 周畅，米祥友. 2008 年全国保障性住房设计方案竞赛获奖作品集 [M]. 北京：中国城市出版社，2009.

[8] 文林峰，时国珍. 中国首届保障性住房设计竞赛获奖方案图集 [M]. 北京：中国建筑工业出版社，2012.

[9] 文林峰，住房和城乡建设部住宅产业化促进中心. 公共租赁住房产业化实践：标准化套型设计和全装修指南 [M]. 北京：中国建筑工业出版社，2011.

[10] 周燕珉. 住宅精细化设计 [M]. 北京：中国建筑工业出版社，2008.

[11] 梁智文. 亚热带经适房"两代居"空间需求及户型设计研究 [D]. 广州：华南理工大学，2012.

[12] 林玉莲，胡正凡. 环境心理学 [M]. 2 版. 北京：中国建筑工业出版社，2006.

[13] 尹朝晖. 珠三角地区基本居住单元使用后评价及空间设计模式研究 [D]. 广州：华南理工大学，2006.

[14] 张文忠，刘旺，李业锦. 北京城市内部居住空间分布与居民居住区位偏

好 [J]. 地理研究，2003（06）：751-759.

[15] 伍俊辉，杨永春，宋国锋. 兰州市居民居住偏好研究 [J]. 干旱区地理，2007（03）：444-449.

[16] 黄美均，高宏静. 南京市中等收入水平家庭住宅偏好研究 [J]. 城市开发，2001（06）：50-52.

[17] 肖亮，张立明，王剑. 城市森林游憩者行为偏好研究：以武汉市马鞍山森林公园为例 [J]. 桂林旅游高等专科学校学报，2006（04）：443-447.

[18] 陈云文，胡江，王辉. 景观偏好及栽植空间景观偏好研究回顾 [J]. 山东林业科技，2004（04）：54-56.

[19] 郭昊栩. 岭南高校教学建筑使用后评价及设计模式研究 [M]. 北京：中国建筑工业出版社，2013.

[20] 常怀生. 建筑环境心理学 [M]. 北京：中国建筑工业出版社，1990.

[21] 李道增. 环境行为学概论 [M]. 北京：清华大学出版社，1999.

[22] 简·雅各布斯. 美国大城市的死与生（纪念版)[M]. 2 版. 金衡山，译. 南京：译林出版社，2006.

[23] 扬·盖尔. 交往与空间 [M]. 4 版. 何人可，译. 北京：中国建筑工业出版社，2002.

[24] C. 亚历山大，S. 伊希卡娃，M. 西尔佛斯坦，等. 建筑模式语言（上下册）[M]. 王听度，周序鸿，译. 北京：知识产权出版社，2002.

[25] 克莱尔·库珀·马库斯，卡罗琳·弗朗西斯. 人性场所：城市开放空间设计导则 [M]. 2 版. 俞孔坚，孙鹏，王志芳，等译. 北京：中国建筑工业出版社，2001.

[26] OSELAND N A , RAW G J . Room Size and Adequacy of Space in Small Homes[J]. Building and Environment, 1991, 26(4): 341-347.

[27] SADALLA E K , OXLEY D . The Perception of Room Size: The Rectangularity Illusion[J]. Environment and Behavior, 1984, 16(3): 394-405.

[28] PAUL J J , PENNARTZ. Atmosphere at Home: A Qualitative Approach[J].Jour-

nal of Environmental Psychology, 1986(6): 135-153.

[29] 乐音，朱嵘，马烨，等. 营造商业环境魅力的节点：关于上海南京路步行街世纪广场空间行为的调研分析 [J]. 新建筑，2001（03）：6-8.

[30] 尹朝晖，朱小雷，吴硕贤. 银行营业厅使用后评价研究：中国建设银行深圳市分行营业网点评价分析 [J]. 四川建筑科学研究，2004（04）：120-123.

[31] 李锦全，吴熙钊，冯达文. 岭南思想史 [M]. 广州：广东人民出版社，1993.

[32] 袁钟仁. 岭南文化 [M]. 沈阳：辽宁教育出版社，1998.

[33] 亢世勇，刘海润，上海辞书出版社语文辞书编纂中心. 现代汉语新词语词典 [M]. 上海：上海辞书出版社，2009.

[34] 郭戈. "工业化"语境下的我国保障性住房建设 [J]. 城市建筑，2010（01）：8.

[35] 郭昊栩，邓孟仁. 关于保障性意图的住居实现：从相对于普通商品房的差异化入手 [J]. 南方建筑，2013（03）：82-85.

[36] 刘赞玉. 广州市社会保障性住房模式与制度分析 [D]. 广州：华南理工大学，2010.

[37] STINNER W F, LOON M V, CHUNG S W, et al. Community Size, Individual Soeial Position, and Community Attaehment[J]. Rural Soeiology, 2010, 55(4): 494-521.

[38] 李雪铭，刘巍巍. 城市居住小区环境归属感评价：以大连市为例 [J]. 地理研究，2006（05）：785-791.

[39] 金一虹. 居住方式变化及影响的社会学思考 [J]. 学海，1999（02）：62-67.

[40] 朱小雷. 建成环境主观评价方法研究 [M]. 南京：东南大学出版社，2005.

[41] 朱小雷. 指数评价法的应用：深圳市建设银行营业厅内环境综合评价 [J]. 重庆建筑大学学报，2005（04）：28-32.

[42] 石静雅. 建筑类设计院办公空间舒适性分析与研究 [D]. 西安：西安建筑科技大学，2012.

[43] 何珏. 超高层住宅居住舒适度研究 [D]. 长沙：中南大学，2011.

[44] 佚名. 建设部通报 2006 年城镇廉租住房制度建设情况 [J]. 工程经济，2007（02）：8-9.

[45] 陆元鼎. 岭南人文·性格·建筑 [M]. 北京：中国建筑工业出版社，2005.

[46] 费迎庆，秦乐，郭锐. 蔡氏古民居的居住方式及其再利用研究 [J]. 南方建筑，2011（01）：44-49.

[47] 徐波，陈天. 传统居住空间的分析与启示：现代宜人居住空间的探索 [J]. 山东建筑工程学院学报，2005（01）：20-24.

[48] 汤国华. 岭南湿热气候与传统建筑 [M]. 北京：中国建筑工业出版社，2005.

[49] 曾志辉. 广府传统民居通风方法及其现代建筑应用 [D]. 广州：华南理工大学，2010.

[50] 邓孟仁，郭昊栩. 岭南地域适应性理论在保障性住宅小区的应用：广州芳和花园保障性住宅小区设计 [J]. 建筑学报，2014（02）：22-27.

[51] 龙雯. 公共住房保障中的政府责任研究 [D]. 长沙：湖南大学，2012.

[52] 阎明. 发达国家住房政策的演变及其对我国的启示 [J]. 东岳论丛，2007（04）：1-10.

[53] 希拉里·弗兰彻，李欣琪. 设计生活模式：香港高楼社区 [M]. 香港：新人才文化，2013.

[54] 陆圆圆，李朝阳，廖金元. 新加坡组屋规划设计演变及启示 [J]. 现代城市研究，2012，27（03）：84-92.

[55] 肖伟. 六市试点共有产权房 [N]. 辽宁日报，2014-04-09（A04）.

[56] 黄向球. 中国城市集合住宅阳台研究 [D]. 郑州：郑州大学，2005.

[57] 窦以德. 中小套型住宅建筑设计理论与实践 [M]. 北京：中国建筑工业出版社，2012.

[58] 胡益屏. 购房时需明确房屋使用率最小值 [J]. 楼市，2006（12）：57.

[59] 梁树英. 基于居住需求分析的中小套型住宅设计研究 [D]. 重庆：重庆大学，2010.

[60] 骆建云，谢璇. 对广州市保障性住房规划设计的研究与思考 [J]. 住区，2012（01）：100-104.

[61] 王玮龙. 中小户型居住空间弹性设计研究 [D]. 大连：大连理工大学，2013.

[62] 庄惟敏. 建筑策划导论 [M]. 北京：中国水利水电出版社，2000.

[63] 闫凤英. 居住行为理论研究 [D]. 天津：天津大学，2005.

[64] 李敏. 广州市 50-70 m^2 保障房工业化套型模块设计策略研究 [D]. 广州：华南理工大学，2014.

[65] 邱伟立. 日本集合住宅设计发展历程研究 [D]. 广州：华南理工大学，2010.

[66] 李德艳. 岭南保障房住区的气候适应性设计研究 [D]. 广州：华南理工大学，2014.

[67] 孙健. 深圳市政府主导低收入保障性居住社区空间形态研究 [D]. 深圳：深圳大学，2012.

[68] 陈琳，丁烈云，谭建辉，等. 低收入家庭住房需求特征与住房保障研究：来自广州的实证分析 [J]. 中国软科学，2010（10）：133-142.

[69] 刘世晖. 市场经济环境下的住区意象解析 [D]. 天津：天津大学，2003.

[70] 凯文·林奇. 城市意象 [M]. 方益萍，何晓军，译. 北京：华夏出版社，2001.

[71] 凯文·林奇. 城市形态 [M]. 林庆怡，陈朝晖，邓华，译. 北京，华夏出版社，2001.

[72] 王曦. 城市意象形态：金华总体城市设计研究 [D]. 上海：同济大学，1999.

[73] 弗雷德里克·C.巴特莱特. 记忆：一个实验的与社会的心理学研究 [M].

黎炜，译. 杭州：浙江教育出版社，1998.

[74] John B. Best. 认知心理学 [M]. 黄希庭，译. 北京：中国轻工业出版社，2000.

[75] 周尚意，李淑方，张江雪. 行为地理与城市旅游线路设计：以苏州一日游线路设计为例 [J]. 旅游学刊，2002（05）：66-70.

[76] 唐皞. 对可意象住区设计的几点思考 [J]. 山西建筑，2009，35（32）：33-34.

[77] 李玉虎. 美国保障性住宅立法及其启示 [J]. 兰州学刊，2010（10）：102-105.

[78] 浅见泰司. 居住环境：评价方法与理论 [M]. 高晓路，张文忠，李旭，等译. 北京：清华大学出版社，2006.

[79] 黄杰能. 南方地区高层住宅楼层公共空间舒适性实例研究 [D]. 广州：华南理工大学，2012.

[80] 龚波. 教学楼风环境和自然通风教室数值模拟研究 [D]. 成都：西南交通大学，2002.

[81] 赵蓓. 武汉地区中庭建筑的通风和热舒适度模拟研究 [D]. 武汉：华中科技大学，2004.

[82] 孔维东. 城市社区居住舒适度若干影响因素的研究 [D]. 天津：天津大学，2008.

[83] 胡晓倩，张莲，李山，等. 住宅光环境舒适度的模糊综合评价方法 [J]. 重庆理工大学学报（自然科学），2013，27（07）：103-107.

[84] 杜婷. 北京市环境舒适度度量及环保对策研究 [D]. 北京：北京林业大学，2006.

[85] 赵晨. 基于建筑病理学理论的传统民居舒适性问题研究 [D]. 武汉：华中科技大学，2011.

[86] 郭海燕，朱杰勇. 城市人居环境舒适度评价指标体系的建立及人居环境评价：以泰安市为例 [J]. 云南地理环境研究，2005（04）：39-42.

[87] 王莲芬，许树柏. 层次分析法引论 [M]. 北京：中国人民大学出版社，1990.

[88] 张晨光，吴泽宁. 层次分析法（AHP）比例标度的分析与改进 [J]. 郑州工业大学学报，2000（02）：85-87.

[89] 艾尔·巴比. 社会研究方法 [M]. 8 版. 邱泽奇，译. 北京：华夏出版社，2000.

[90] 齐际. 适应青年人居住需求的公租房单体设计研究 [D]. 北京：清华大学，2011.

[91] 戚文钰. 深圳市经济适用房适老性能评价与套型设计研究 [D]. 广州：华南理工大学，2013.

[92] 张瑞. 廉租住房套型适应性设计研究 [D]. 西安：长安大学，2012.

[93] 张博为. 基于 PCa 装配式技术的保障房标准设计研究 [D]. 大连：大连理工大学，2013.

[94] 艾尔·巴比. 社会研究方法 [M]. 11 版. 邱泽奇，译. 北京：华夏出版社，2009.

[95] 赵冠谦，马韵玉. 改善城市住宅建筑的功能与质量：小康住宅建筑功能与质量的研究 [J]. 住宅科技，1989（04）：21-26.

[96] 陕西省建筑设计院. 城市住宅建筑设计 [M]. 北京：中国建筑工业出版社，1983.

[97] 陈喆，赵嘉柯，李翔，等. 保障性住房的规划与设计 [M]. 北京：化学工业出版社，2014.

[98] 石佳. 小户型家居空间拓展利用及相关产品设计研究 [D]. 沈阳：沈阳建筑大学，2013.